Idea
man

活用於職場上的哲學思考

「課題発見」の究極ツール　哲学シンキング

上智大學哲學博士／
「Cross Philosophies 股份有限公司」董事長
吉田幸司——著

韓宛庭　譯

推薦一

哲學的思考能力
能找到問題的真正解方

我想人類跟動物不一樣的地方，就在於會思考一些生存以外的問題。比如為什麼我們活在這世界，我們又要去哪裡？而這些哲學性的問題，又發展出了各種學科。從問問題開始，人類便開始探索世界的各種運作原理與事物本質。

歷史系畢業的我，後來進入科技業，又轉到青年職涯輔導。我發現，人文的教育給我最大的影響，是思考許多事物表相之外的脈絡，也就是能夠去思考「為什麼」這個最終極核心的問題。而解決任何問題，其實都需要這樣的思辨能力。

這本《活用於職場上的哲學思考》，就是讓我們知道，哲學思辨能力可以怎樣活用在日常生活，乃至於商業應用之中。這是一本輕鬆好讀的書，裡面用幾個實際的情境故事，讓我們能帶入思考。比如因為新的大賣場進駐，生意受到影響的老奶奶的和菓子店，到底應該怎樣起死回生？

問對問題才能找到真正的解答，問好問題也才能讓我們看到事物的本質。

假設今天有一對老夫妻，即將邁入人生最終階段。他們若思考著：「如果留下遺產，會不會讓孩子們兄弟鬩牆？會不會讓他們開始好吃懶做？」但這樣的問題是很負面跟封閉式的，並不能找到真正的解答。因為最終可能得到的解方反而是不要給孩子遺產。

如果我們直視問題的本質，思考這對老夫妻真正想要的是什麼，或許才能問出關鍵的問題。比如，把剛剛封閉且負面的問題，轉換成開放且正向的問題，那就會變成：「好的父母，會在身後留給孩子怎樣的東西，才能讓他們擁有幸福的人生？」那答案就會更加開放跟多元，也更能達到他們想要的結果——「孩子的幸福」。

換一個思維角度，許多事情就會有天翻地覆的改變。

舉例來說，對於治安，如果政府的執政思維，是「如何避免人民犯罪」，那就已經預設人民是會犯罪的，用防範的心態去做；如果改成「警察如何促進社會和諧」的正向思考框架，那警察對待人民就不是對立的警察抓小偷，而是作為社群的一份子，去關心與建立連結。美國紐澤西州的康登市，僅僅是用這樣的新思維框架，就大幅降低了犯罪率。

從這些例子可以看到，哲學的思考能力能夠幫助我們真正找到想要的結果的解決方案，而這些只要在思考上有一個新的格局與境界就行。本書作者吉田幸司是一位哲學博士，也是一位創業家。他將哲學的思維包裝成一個解決問題的思維策略，用哲學幫助企業解決問題，在日本廣受歡迎與媒體注目。除了輕鬆好讀外，還能在平易近人的文字中，幫你找到真正的問題。

不只是商業上，我們的人生或許也將因此獲益良多。現在，趕緊開卷有益，一起打開這本書吧！

何則文
職涯實驗室社群創辦人

推薦二

學會思考，就回不去了！

身為一個以國際ＮＧＯ組織和新型態教育者為主要客戶的哲學諮商教練，這幾年我目睹了哲學思考在我自己、以及我的客戶們身上，產生的重大變化。

在前往法國學習以邏輯思考為中心的哲學諮商之前，我雖然已經在國際ＮＧＯ組織從事著性質相同的訓練和培力工作將近二十年，但現在的我無論在態度和方法上，卻是完全不同的。

過去的我，著重知識的力量，總是努力追求更新的管理理論、更先進的顧問方法，試著將這些方法變成我可以應用在委託客戶的工具。這麼做雖然也有不錯的成果，但總有著隔靴搔癢的感覺，畢竟所有的管理工具跟理論，都不是我自己的原創，也無法針對客戶量身打造，所以成功跟失敗的比例，往往各佔一半，失敗時對雙方都帶來莫大的挫敗感，往往只能用「我們畢竟盡力了！」來合理化這些沒有解決的問題。

自從學習以古希臘時代的「蘇格拉底對話」為基礎的哲學開始，我發現自己生平第一次可以自信地協助客戶促發（facilitate）思考，追根究柢找到問題的根源，並且針對問題的本質，找到完全適用於特定管理者、特定組織的解決方案，並且在技巧更加熟練後，逐漸融入從莊子到叔本華，東西方各時代不同的哲學思潮為輔的邏輯思考，無論面臨的是組織發展方向的問題，部門之間的溝通問題，董事會與管理處的歧見，還是人力資源的調整，都可以精確地指認出病灶，並且像進行精密的外科手術般，讓問題變小，甚至不見。

從此以後，我再也不曾回到麥肯錫、卡內基、杜拉克，或是稻盛和夫的管理理論，並不是這些主流的大師有什麼不好，畢竟我也是接受這樣的管理訓練一路走來，在顧問職業生涯領域中得到各種滋養，只是就像一個真心喜歡茶或咖啡的人，一旦找到了適合自己緯度跟土壤、氣候的莊園，適合自己的處理方法，無論是日曬、水洗還是蜜處理，配上適合自己的烘焙，或許是淺中焙，或許是深焙，並且學會了這些製程的技巧，那麼不只這一次，而是未來的每一次，當再度遇到困境的時候，都知道如何捲起衣袖，打開思考的開關，能夠為自己從頭想起，過去對於品牌或標價的迷信，也就自然灰消煙滅了。

就像在日本成立第一家「哲學公司」的吉田幸司，在《活用於職場上的哲學思考》這本書裡面強調的，鍛鍊自己學會「提問」的能力，才是思考的關鍵，這也正是蘇格拉底的「催生辯證法」直指的核心。

身為一個哲學素人，專業工作多年之後，才終於下定決心面對自己的瓶頸，從頭開始學習思考後，相見恨晚，我因此特別能夠理解歐陸的教育制度中，為什麼要把哲學思考放在正式的學校教育裡，而且從小培養，畢竟哲學思考靠的不是「天分」，哲學思考是一門「技術（skill）」，既然是技術，就意味著每個人無論天賦如何，經過一定的學習和練習，都可以熟練、掌握哲學思考的方法，這也解釋了為什麼吉田幸司一直強調哲學是「實用」的。

如果你問我，我會說無論在任何生命階段，都是開始學習哲學思考的好時機，沒有任何時候嫌太早，也永遠不會太晚。但是我必須提醒你一件事：一旦學會哲學思考，就回不去了！但是關於這個副作用，我可以理直氣壯的說：我一點也不後悔！

褚士瑩
哲學諮商教練

前言

哲學思考力將影響五年後、十年後的商業競爭

「我想做出熱銷商品，但是不知道第一步該如何構思？」

「我丟出很多新企劃的點子，但每一種都隨處可見，我已經無法分辨『什麼才叫好』了。」

「我很懷疑，使用既有的方法，真能得知消費者的想法和價值觀嗎？」

「『勞動型態改革』是日本近幾年的熱搜單字，實際上到底該如何做到？」

以上全是來自企業人士的提問，管理階層和專案經理常認真找我商討這些問題。

國際情勢日漸複雜，我們無法預測五年後、十年後的未來動向，企業和員工如陷迷霧中，開始認真摸索自己應該往哪裡前進。

而年輕人也有類似的迷惘。

「馬上就要開始求職面試，但我完全不知道未來想做什麼……」

「眼看身邊的朋友迅速成長，我該怎麼做才能像他們一樣，累積豐富的知識和經驗呢？」

「這兩、三年我在職場待得還算愉快，但我應該一直做下去嗎？」

以上是來自大學生和畢業生的提問。

我也在大學教書，有次在二百五十人的大型課堂上提議：「歡迎各位同學把煩惱寫在課後回收的問卷上。」結果隔週便收到數十件煩惱諮詢。

從那以後，每堂課的開頭，就是我跟學生的「人生煩惱諮詢室」。

平時大家雖然沒有特別提起，原來都暗自為煩惱傷神啊……。

我想說的是，即使年齡、性別、職業有所不同，企業人士和大學生之間有一個共同點，那就是：面對沒有解答的問題，不知道該如何思考。

說穿了，就是**不懂得「思考方法」**。

哲學為何「實用」？

取得博士學位之前，我一直都在鑽研學術領域研究；取得學位之後，我突然起心動念，把堪稱「世界上最不實用」代名詞的「哲學」當作經營項目，成立了顧問公司。

商品「哲學」
職業「哲學家」

想必許多人會質疑：「真的假的？哲學也能賣錢？」「一群不食人間煙火的知識分子，在大學爭論艱澀的理論」，恐怕是大眾對哲學家的普遍印象。

實情是，我們現在參與了人資公司瑞可利（Recruit）、獅王（LION）、巴而可百貨集團（PARCO）、人資公司Persol Career（doda）等足以代表日本的大型企業的專案計畫，定期舉辦體驗講座，提供專業諮詢，**將哲學「出貨」**給需要的客戶。

我們究竟在做什麼？

為什麼日本現在的企業「需要哲學」呢？

我們時常在職場聽見以下對話：

「這種事不要問人，自己思考！」

「不要一個口令一個動作，自己動動腦！」

問題是，「自己思考」具體上到底該怎麼做呢？

例如這個問題：「人生意義何在？」

許多人遇到這類「哲學大哉問」，常會突然間不知所措。

即使嘗試思考也看不見方向，千頭萬緒，不知道結論在哪。

如果連第一步該思考什麼都不曉得，當然無法站上起點。

「這個問題沒有答案」、「思考也沒用」、「有時間胡思亂想，不如先把工作做好」，想必有不少人思考到一半就惱羞成怒，放棄思考。

那麼，請看看下列問題：

「消費者最看重什麼價值？」

「什麼樣的嶄新企劃能收服每一個人？」

「什麼叫做人人平等工作的職場環境？」

這些全是職場相關的核心問題，各位要如何思考，找出答案呢？

裡面恐怕沒有「唯一正解」。

但也不能將問題貼上「無解」的標籤，放入抽屜，放棄思考。

我們在工作現場實際遇到的問題，可能更加嚴肅複雜。

「套出消費者的真實心聲！」上級如此命令時，我們只能仰賴心裡知道沒什麼效的「既定方法」去調查。

「提出可以說服所有人的嶄新企劃！」老闆下達命令時，我們只能「做做表面」，不清楚該怎麼樣觸及核心。

「把職場打造成社會性別平等的友善環境！」也許你有很好的出發點，但自以為不錯的提案卻適得其反，給人「這項制度是為了提升業績、維持工作效率」的錯誤印象。

這些要求，做也錯，不做也錯，簡直是刁難，各位是否多少在生活中遇到過呢？

「無法立刻提出解決對策」、「這件事涉及過多層面，不知如何建立大方向」等諸多問題，是現代職場常遇到的困境。

因此，「找出課題、建立課題」並相信執行之後可以解決問題，跟「解決問題」本身一樣重要。

本書介紹的**「哲學THINKING®」（哲學思考），可以幫助各位在職場和日常生活中卡住時，藉由有效的思考方式抽絲剝繭，找出前進的方向。**

人生、工作、人際關係……無論在任何情境下，當你遇到需要解決的問題，或是想壯大自己的小點子，這套思考法都能派上用場。

例如：

「我連自己在煩惱什麼都不知道。」

「我想挑戰新事物，卻連該從哪裡著手都不知道。」

上述情形，哲學思考皆能發揮莫大功效。學會本書傳授的哲學思考，能幫助您理清思路，建立說話的順序，找出解決問題的根本原因，進而制定出合適的課題。

人類面對捉摸不清的事物，特別容易感到不安。

但是不用擔心，因為這些有待解決的問題、日常的煩惱，多數都能透過提前**制定合適的課題**卸下重擔，進而發現解決問題的線索。

可是，想必也有不少人抱持懷疑態度：「哲學很難吧？」、「哲學沒有正確答案吧？」這些人一半說對了，一半說錯了。

哲學是**「思考方式和動腦」的綜合學問**。

實際上，哲學可以無限延伸思考；思考延伸得越深越廣，難度也會提高。

由於思考的本質沒有止盡，才會給人「哲學很難」的印象。

解決我的「煩惱」

工作煩惱

戴爾・卡內基老師

「站在對方的角度思考，投其所好！」

人際溝通的天才

我也知道啊，可是……

- 我摸不透年輕員工的想法。
- 業務不順利，我該怎麼問出客戶的真心話？
- 我該繼續做現在這份工作嗎？

人際關係和戀愛煩惱

阿德勒老師

「不用在意別人怎麼看你！專心面對自我的課題！」

個體心理學派創始人

我也知道啊，可是……

- 職場氣氛好僵，大家卻一副事不關己的樣子。
- 上面交派了許多任務，我該怎麼拿捏適宜？
- 別說討人歡心了，我根本無法愛上別人。「喜歡」到底是什麼呢？

我該從哪裡開始思考？

請教有名的思想家也無法

商務煩惱

彼得・杜拉克老師

「去創造可以滿足顧客需求的產品和服務吧！」

現代管理學之父

我也知道啊，可是……

- 創新的點子要從哪裡生？
- 一旦配合顧客的需求，我就不知道自己想做什麼了。
- 願景和概念好抽象，我該如何發想？

人生煩惱

尼采老師

「拿出意志力，自行開創人生道路！」

異端哲學家

我也知道啊，可是……

- 我沒有想做的事，也沒有想要的物品！
- 我的人生一路力爭上游，回過神來就被孤立了……
- 要怎麼做才能讓全家人都過得「幸福快樂」呢？

腦袋都要打結了，

相對的，若將「使用各種方法發掘世界萬物的課題」視為哲學，哲學跨越了兩千五百年的歷史，與眾多人士攜手同心，創造出包羅萬象的「思考方法」。

事實上，我們的確可以藉由發現新的思考方式，得以用與至今完全不同的角度看待事情，視野拓寬了，看似無解的難題也會迎刃而解。

哲學就是人類歷經漫長歷史，開發出來的萬能工具箱。

只要改變「提問方式」，就能看見新世界

哲學最重要的一項技藝，就是**改變「提問方式」**。絕大部分人遇到煩惱或問題時，都會尋求「答案」以解決問題。

舉例來說，有人懷抱這樣的煩惱：「真正的我，到底想要做什麼呢？」

有時我們這也想做，那也想做，因為想做的事情太多而迷失方向。

有時則相反，意興闌珊，這也不想，那也不想，因為找不到具體目標而迷失方向。

思考的根延伸得越深越廣，
越能靈活改變提問方式。

無論哪一種，人都會試圖尋求「答案」。

可是，倘若「真正的我」根本不存在呢？

如此一來，無論再怎麼努力分析「真正的我想要做什麼」，必定得不出答案。因為……

Ａ「想這麼做的我」。

Ｂ「想那麼做的我」。

Ｃ「不想這麼做，也不想那麼做的我」。

上述ＡＢＣ，都是「我」。

都是能夠真實感受到的「我」。

那麼，在世界的某個角落，是否存在連我自己都不知道的「真正的我」呢？

嗯……到底在哪裡啊？

如果是這種情形，你一開始就搞錯問題方向了。或者說，搞錯建立問題的方法（問法）了。

與其問：「真正的我想要做什麼？」

不如問：「真正的我真的存在嗎？」

如此一來，**心裡也會感到輕鬆一些，得以用最自然的態度變換思考**。

因為，既然「真正的我」並不存在，即使想破了頭也是白忙一場。

在商場開發新產品也一樣。

假設眼前有一件「新型自行車開發案」。

老闆要你交出「前所未見的嶄新靈感」，想必會是一項艱難任務。

因為，如果只是把現有自行車款改良得帥氣一點，實在稱不上「嶄新發明」。

那麼，假設老闆說「什麼問題都好，只要是跟『自行車』有關，通通交出來」，這樣是不是容易多了？

「追根究柢，自行車究竟是什麼？」、「為什麼自行車要用踏板前進呢？」、「非得使用腹部和背部的力量嗎？」、「自行車算移動用的交通工具嗎？」諸如此類，一下子就能想到很多問題吧。

絞盡腦汁思考自行車的定義之後，你可能突然發現：我們也可以來做一輛需要用全身最大力氣的自行車啊！

或是乾脆拿掉「移動目的」，開發專為運動、休閒娛樂打造的自行車。

事實上，真有自行車因為這樣而誕生。

左側照片是一種叫做「FAZOM」的自行車，操作時如同划船，利用全身的屈伸運動來前進。這是和我一同創辦哲學公司的吉辰櫻男自行研發的商品。

對現有的「使用旋轉踏板前進」方式提出「質疑」，基於「想要發揮人體最大極限的力量，就要用車架限制人體動作」的概念，構思出全新的自行車種。

除此之外，還拿掉了「方便省力」的目的，強調「將全身的能量變換為速度」的體驗和理念，藉以創造出核心賣點，更打造出特殊市場需求，成功在洛杉磯等特定區域販售。

使用全身划動的自行車「FAZOM」。

想要研發能打開新市場的新產品，獲得特殊市場地位，最有效的方法就是對現有產品提出質疑，在仔細觀察分析之後，建立新的核心賣點。

共通做法是在「尋求答案」之前，**重新審視問題的前提及問法，找出意想不到的視角，使原地打轉的思緒得以前進**。

換句話說，質問事物的「本質」除了可以轉換心情，有時還能不小心找到答案。

丟開困難的知識

想要實踐哲學思考，不需要用到最新的商業技巧，也不需要學習特別的哲學知識。

有時哲學知識能帶來許多靈感，但是站在「哲學式思考」的角度，現階段不需要去死背那些東西。

舉個實際例子，以「追求智慧必須先熱愛智慧本身」理念聞名的哲學家蘇格拉底，他的思考方式就很值得參考。

蘇格拉底是古希臘哲學家，追求的命題是「好好活著」，他的弟子柏拉圖是影響後世甚鉅的重要人物。

蘇格拉底經由友人之口得知這樣的神諭：「世界上沒有比蘇格拉底更有智慧的人。」但他本身完全沒有身為智者的自覺。

為了尋求神諭的真正意義，他和政治家、作家等世間普遍認為的智者，展開了一連串的答辯，結果這些人一一被蘇格拉底駁倒，顯露出無知。

於是，蘇格拉底發現了一件事：

世間普遍認為很有智慧的人，雖然擁有淵博的知識，而且能言善道，**卻不懂何謂真正重要的事物，例如「善與美」。他們對此一無所知，卻假裝自己很懂**。蘇格拉底和他們不同的是，他清楚明白自己的「無知」。

這稱作**「無知之知」**，即「無知的自覺」。正因蘇格拉底知道自己只是「汲汲營營追求善與美的人」，所以認為自己不是智者。

這是思考萬物事理相當重要的「心理建設」。「懷疑自己知識的人」、「對自己的無知有所自覺，並能尋求真相的人」，這兩種人非常強大。

說來，那些在大學被稱作「哲學專家」的人，一開始也是哲學的門外漢。他們只是接受了老師和前人的指導，慢慢接觸到各式各樣的思考法，才找到屬於自己的思考方式，如此而已。

如同我在開頭說的，本思考法超乎眾人想像，可實際運用在日常生活甚至商場上。

本書介紹的「哲學思考」既能單人使用，也適合多人互動講座。

我把自己撰寫哲學論文、思考哲學問題時，自然養成的思考步驟，整理成任誰都能輕鬆仿效的萬用思考術。

我也把這套方法應用在企業講座上，並且發現，每當我用自己習慣的方式講解課程，企業人士總會訝異地問：「簡直令我大開眼界！太厲害了！你是如何辦到的？」漸漸地，這套方法開始受到關注。

回過神來，我們參與了大型企業的組織開發、市場行銷調查、網站核心理念建構等計畫案，最近也展開了「哲學THINKER®（哲學思考人）培訓、檢定課程」教學事業。

來上課的客戶包括「IBM」、「東芝」、「橫河電機」等大企業的品牌顧問、設計研發員與美術設計師，也有人把設計思考和其他方法結合起來，成功運用

哲學思考可以辦到的事

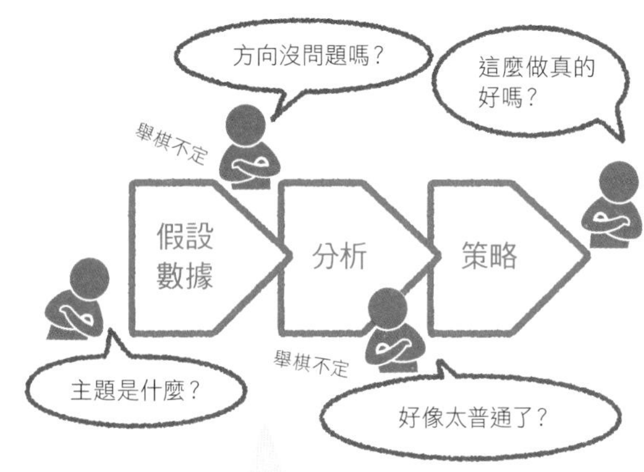

用現有的「思考法」無法完全採納的點……

可以透過哲學思考反覆質問、找出本質。

- 發現問題癥結
- 導出客戶隱藏的真心話
- 確立我方的內在核心價值
- 統整基層員工意見，發揮團隊最大潛能
- 顛覆既定方向，打造全新觀點

在自己的專業領域。

只需準備「幾張A4紙與一支筆」

哲學思考可以幫助您發掘、擬定當下最合適的課題，解決生活上、職場上遇到的關卡，需要的工具只有三、四張A4紙與一支筆而已。

連便利貼和白板都不需要。

只有在文字無法表達清楚，非得藉由圖像來幫助理解的情況下，可能需要用到白板，但絕大部分時候都不需要。

等方法熟悉後，甚至連紙和筆都用不到，只要動腦就可以了。

當你迷失在人生、工作的道路上，不知該選哪條路時，哲學思考能迅速為你指引出明亮的路。同時，這也是**專屬於你的「人生指南針」**。

不過，「蘇格拉底不是一天造成」。

簡單來說，哲學必須**「鍛鍊思考力」**。

先從每天花十分鐘開始，持續鍛鍊思考，久而久之，就能練出強韌的思考力。

各位讀完本書後，就能靠自己的力量，掌握輕鬆跨越人生、職場難題的最強工具。

Column 01

「哲學 THINKING®」的由來

「哲學」是個容易被一般人誤會的詞。
它常用來表示一個人的人生觀、價值觀、理念等意思。除此之外，也常出現在「自我啟發」、「煩惱諮詢」等類別中，把蘇格拉底、尼采這些歷史有名的哲學家的思想節錄成短句做成的「人生語錄」及「格言」裡。
然而，上述「哲學」都不是源自古希臘二千五百年歷史所說的「philosophy」。「哲學」其實是運用理性（Logos，邏各斯）探究事物根本原理的知識專門技術。需要先質疑事物的前提，透過與他人對話等方式，不斷探索問題，直到找出所有人都認同的想法。
如果只是記住各大哲學家的思想和學說，並不叫「哲學」。**去思考前人為何這麼想？這些思想是正確的嗎？才是貼近哲學的態度**。
「哲學 THINKING®」就是從上述「從事哲學」的思考法，精選出我們每日在生活、職場上需要探究事物本質時，可以應用的實戰方法。這套方法不僅能幫助您解決私人煩惱，還能用來補強企業上的組織開發、團隊打造、市場行銷調查、網站核心理念建構、創意工作、設計思考等項目，靈活運用在各種情境下。

目錄

前言

哲學思考力將影響五年後、十年後的商業競爭

第一章

如何循序提問、掌握核心

巧妙化解「複雜問題」的哲學技巧

第二章

刺探真心話的「創意提問」

在與人對話中延伸創意

第三章

畫出超越想像的「未來願景」

如何發掘「創意種子」，使之茁壯

終章

挑戰「終極大哉問」
不斷延伸思考後所抵達的「新世界」

第一章

如何循序提問、掌握核心

巧妙化解「複雜問題」的哲學技巧

搶救和菓子店大作戰！

好，從本章起，我將用說故事的方式，簡單、具體地說明在什麼樣的情境下，我們可以應用「哲學思考」制定課題，進而解決問題。

各位不妨代入自己的職場和身邊的人事物，一邊想像一邊閱讀，效果更佳。

請想像在某個小鎮的某戶人家，即將發生一場風暴……。

登場人物

國中生勘太

勘太的奶奶

＊　＊　＊

在日本的某個小鎮，有一間小小的和菓子店。

這間和菓子店裡的老奶奶，是小鎮裡的活寶人物，老顧客來買和菓子時，都喜歡跟老奶奶聊天。

老奶奶的孫子勘太更是頭號粉絲。今天，勘太也從家裡來到走路十分鐘的店面，享用奶奶做的和菓子。

「奶奶，我又來找妳玩了。我今天要吃QQ櫻餅！」

勘太和平時一樣，精神飽滿地大喊，卻看見奶奶愁眉不展。

「小勘啊，歡迎光臨。今天要跟你說聲對不起了，沒有QQ櫻餅。」

「沒有？為什麼？這麼早就賣完啦？」

勘太訝異地問。

奶奶先是沉默下來，然後才慢慢開口：「其實啊……」

原來最近附近開了新的大賣場，裡面有家在電視和網路上很有名的和菓子店，口碑一下子便在小鎮上傳開了。

因為這樣，奶奶的店門可羅雀，QQ櫻餅連續兩星期沒賣完，奶奶今日索性不做了。

「再這樣下去，我們的店可要關門大吉了。」

從小到大，勘太最黏奶奶，也最喜歡吃奶奶做的和菓子了。

得知這個晴天霹靂的消息，勘太悶悶不樂，他想動腦，拯救奶奶的店。問題是，他不懂怎麼挽救生意，連從哪裡開始思考都不明白。問題究竟出在哪裡？現在到底發生了什麼事呢？

「我該怎麼做呢？我對經商一竅不通……對了，爸爸上次好像在看一本雜誌，書名叫《商人愛用的哲學思考》。」

回到家後，勘太把放在客廳的雜誌拿回自己房間，馬上開始用功。

第1課

「如何抓住核心課題？」

哲學思考可以用在這些時候！

▼發現問題時，迅速掌握關鍵問題（發現、制定課題）。

▼為了找出更好的解決之道，必須打破既有思考（制定目標）。

▼思索意義和價值，如：我想做什麼？應該怎麼做？／不該怎麼做？

▼在日常生活中遇到疑問時，靠自己的力量整頓思緒。

STEP 1 蒐集問題

「嗯嗯，懂了！拿出紙和筆，按照四個步驟動腦就行了吧？很簡單嘛！」

奶奶的和菓子店最近變得很冷清。
真正的原因出在哪裡？
該怎麼做才能免於歇業危機呢？
請各位和勘太一同思考吧！

各位若是收到任務「拯救奶奶的和菓子店」，又會怎麼做？

想必有些人會提出新方案以解決問題，例如：「開發新商品」、「降價促銷」、「發傳單」等；有些人則會上街頭打聽，做市場調查。

有些人可能根據市場調查得來的數據進行推測：「客人減少的主因八成出在○○上。」

上述做法全是針對「拯救奶奶的和菓子店」問題尋求「解方」。

然而，哲學思考不會第一步就尋求解方。

因為，**不先透徹了解問題發生的根本原因，就無從得知這些假設的解方是否有用，很可能只是白忙一場**。想要徹底解決問題，就要找出合適的課題。

所以，第一步要做的是，針對假設的課題（拯救奶奶的和菓子店）進行質問，因此要從**「蒐集更多問題」**開始。

「蒐集更多問題」？

沒錯，任何小事都好，「想到什麼儘管問」。

不管是平時就覺得奇怪，還是只是心血來潮突然想問，都沒關係。能拓展方向的問題，都是好問題。

本章雖然以經商角度「如何搶救奶奶的店」作為操作範例，但這套方法也能應用在日常生活中遇到的大小關卡，如「找不到想做的事」，也能運用一模一樣的方法循序思考。

實在想不出問題的人，請翻開本書第一三八、一三九頁，參考「提問的基本模式」吧。

「為什麼是○○？」、「話說回來，○○到底是什麼？」、「所謂的○○指的是什麼時候？」以上是不同的提問模式。

如果腦中冒出針對任務的意見或主張，請把它改成「疑問句」。

勘太的主張：「希望有更多人來買奶奶的和菓子！」

←

疑問句：「該怎麼做才能吸引更多顧客來買奶奶的和菓子呢？」

勘太的主張：「和新開的和菓子店相比，當然是奶奶做的和菓子比較好吃啊！」

↓

疑問句：「那些老主顧為什麼跑去新開的和菓子店？」

以此類推，把勘太心中浮現的種種想法，歸納成如下問句：

一、「該怎麼做才能吸引更多顧客來買奶奶的和菓子呢？」

二、「該怎麼做生意才不會被大賣場搶走呢？」

三、「那些老主顧為什麼跑去新開的和菓子店？」

四、「有些人為什麼從來沒來買過和菓子呢？」

五、「所謂的幫助奶奶，是什麼意思？」

六、「我是想安慰奶奶嗎？還是不希望店鋪倒掉？」

七、「話說回來，奶奶自己想繼續經營和菓子店嗎？」

把問題都列出來後，會發現從「如何拯救奶奶的和菓子店」這個原始問題，又延伸出許多問題，每個問題的背後都有假設基礎，經過分析，就能看見背後隱藏的問題。

如果一味尋求解方，就無法聯想到：「我是想安慰奶奶嗎？還是不希望店鋪倒掉？」或是「話說回來，奶奶自己想繼續經營和菓子店嗎？」這類問題了。

因為，在假設問題之前，勸太一心只想著：「要怎麼做才能拯救和菓子店？」

但是，萬一奶奶心底悄悄想著：「都已經這把年紀了，不如趁機把店收掉吧？」倘若真是如此，把店鋪收掉也不失為一種「幫助奶奶」的最佳解方。

事實上，有客戶來找我，就是來諮詢要不要「收掉某些事業群」。考量到時間、成本的耗損，有時「收山」也是了不起的決定。

天馬行空的「問題」儘管來！

先建立「總之拚命問」的遊戲規則，就能打破成見，發掘「意外的選項」。

面對課題時，我們首先要做的不是「尋找答案」，而是盡量丟出與課題相關的「延伸問題」，多多激發「一般來說行不通」及「天馬行空」的想法。

延伸原訂前提（必須搶救奶奶的店），就能突破「一味尋求答案」所看不見的盲點與新視野。

「一旦用問句來思考，想法就會源源不絕地冒出來。有些問題雖然和搶救店裡的生意無關……不過，管他的。」

沒錯，這時候別管「問題是好是壞」，問就對了！

STEP 2-A 整理問題：分門別類

接下來，我們把「STEP 1 蒐集問題」中提出的問題整理一下。

丟出五花八門的問題之後，雖然增廣了視野，但也因為意見太多太雜，使腦袋變得一團混亂。

理清思路的第一步，就是把相似的問題分門別類，統整出每個主題背後的出發點。

如此一來，就能建立策略方向，了解該如何著手處理原始課題（如何搶救奶奶的店）。

現在，請各位觀察一字排開的問題，思考它們之間有何「共同點」吧。

把「似乎有點像」的問題分成一組。

此步驟同樣沒有所謂「正確解答」。

用自己的方式來解讀，大致分類就行了。

可多善用不同角度，像是：「定義」、「時機（時間）」、「場所」、「條件」、「價值」、「手段（方法）」來分類。若是遇到無法歸類的問題，直接放著也無妨。

我們來看看勘太怎麼做。

「問題一、二都是希望奶奶的和菓子店生意變好才提的……」

問題一、二似乎可以分到「提升業績」的類別。

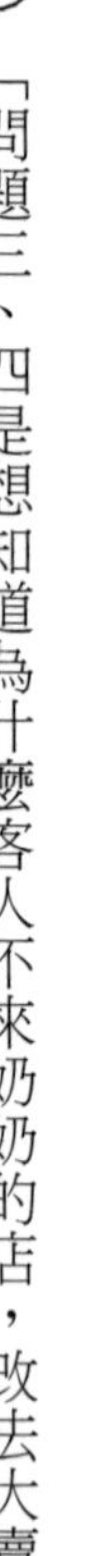

「問題三、四是想知道為什麼客人不來奶奶的店，改去大賣場的店。」

看來三、四可以分到「了解顧客（含潛在顧客）的想法及光顧的原因」類別。

問題五、六、七雖然和增加客流無關，但是都和奶奶的心情有關。

「照這樣看，了解奶奶對店鋪的想法也很重要！」

問題五～七可以歸類到「搶救奶奶店鋪的意義及原因」。

用這種方式，把原先的七個問題（參照四十九～五十頁）整理成三大類：

A **「提升業績（讓生意變好）」相關問題。**

B **「了解顧客（含潛在顧客）的想法及光顧的原因」相關問題。**

C **「搶救奶奶店鋪的意義及原因」相關問題。**

（「了解奶奶經營店鋪的原因」相關問題）

經過整理之後，原先只想到要「搶救」的想法產生了變化，得以從不同角度思考事情的脈絡。

「嗯……原來有這麼多層面需要考量啊！」

從不同角度看待事理，能幫助我們找出新觀點與新對策。

把蒐集到的問題粗略分類

課題 「如何搶救奶奶的和菓子店?」

Ⓐ
1. 該怎麼做才能吸引更多顧客來買奶奶的和菓子呢?
2. 該怎麼做生意才不會被大賣場搶走呢?

Ⓑ
3. 那些老主顧為什麼跑去新開的和菓子店?
4. 有些人為什麼從來沒來買過和菓子呢?

Ⓒ
5. 所謂的幫助奶奶,是什麼意思?
6. 我是想安慰奶奶嗎?還是不希望店鋪倒掉?
7. 話說回來,奶奶自己想繼續經營和菓子店嗎?

把問題標上數字。

把相似的問題整理到同一組。

Ⓐ「提升業績」相關問題

Ⓑ「了解顧客(含潛在顧客)的想法及光顧的原因」相關問題

Ⓒ「搶救奶奶店鋪的意義及原因」相關問題

完成分類後,再重新看看它們都與什麼事情有關。

STEP 2-B 整理問題：決定先後順序

問題分類好後，接著要評估該從哪類問題開始思考，並且設定目標。

想要達成目標，就要建立有效程序。像隻無頭蒼蠅四處亂轉不但缺乏效率，還可能因為錯誤的方針影響了結果。

所以，我們要先擬定思考策略，看看應該從哪個議題開始研討。

上一個章節分好的A、B、C組，分別對原始課題持有不同觀點。我們再重新看一遍：

A「提升業績（讓生意變好）」相關問題。

B **「了解顧客（含潛在顧客）的想法及光顧的原因」相關問題。**

C **「搶救奶奶店鋪的意義及原因」相關問題。**

（「了解奶奶經營店鋪的原因」相關問題）

請問，各位會優先思考A、B、C組中的哪一組呢？

既然原始課題是「如何搶救奶奶的和菓子店？」，應該有不少人會從看似不是太離題的A（提升業績）或B（招攬顧客）開始思考。

想快速解決眼下的問題，選A和B才是捷徑！……一旦這麼想，你的思考就被「解決問題」給綁架了。

在哲學思考裡，這是**「不好的做法」**。

習慣在第一時間尋求解答的人，容易一開始就困在框架裡（按照規則）思考。

但是，**所有問題的背後，一定隱藏了假設的前提和成見。**

我在「前言」舉過這個例子：「真正的我，到底想要做什麼呢？」請仔細看，就連這個問題，也是建立在「有真正的我」的前提之下，以及「想做某件事的我，一定存在於某個地方！」的強烈希望下才成立。

如果把重點放在解答，就無法聯想到「也許真正的我並不存在？」、「就算我什麼都不想做也無所謂吧？」等潛在可能了。

「如何搶救奶奶的和菓子店？」這題也一樣。

假如奶奶根本不希望「提升業績」，那麼，即便達成了「提升業績」的目標，也無法解決真正的問題。

如果生意興隆，卻反而讓奶奶不快樂，整件事情就本末倒置了。

在這個例子裡，最後需要找出解答的也許真的是A、B組的問題；但在哲學思考裡，請優先思考C組項目。

為什麼這麼說？

因為哲學思考的目的是制定合適的課題，好讓真正的問題浮現出來，而不是提升業績或增加客流。線索往往隱藏在乍看最不相干的問題裡。因此，列出幾個假設選項後，請從「看似最不實用，但心裡一直很在意的問題」開始思考。

那麼，C之後應該接哪一組呢？

仔細看看，想要知道A所看重的「提升業績的方法」，就必須先思考B的「顧客為什麼不來」。

因此，次要問題是B，最後才是A，這樣安排較為合適。

C「搶救奶奶店鋪的意義及原因」相關問題

（「了解奶奶經營店鋪的原因」相關問題）

↓

B「了解顧客（含潛在顧客）的想法及光顧的原因」相關問題

↓

A「提升業績（讓生意變好）」相關問題

「首要任務是去問問奶奶，對開店有什麼想法！」

不過，這充其量只是現階段最好的選擇。

也許你在思考C組問題的過程裡，會發現接下來應該優先思考A比較好；此外，也可能因為時間有限，最後只能從A和B挑一個來執行。

在整理問題的階段，只需畫個大概的方向藍圖就行了。

哲學思考的大原則

從看似最不實用，
但心裡一直很在意的
問題開始。

STEP 3-A 進行辯證

好，終於要正式進入哲學思考了。來到「STEP 3」，我們將針對問題進行辯證。

先從在「STEP 2 整理問題」分析比較後，決定擺在第一順位的C組問題「搶救奶奶店鋪的意義及原因」著手吧。

C組中包含下列疑問，在此重新列出：

五、「所謂的幫助奶奶，是什麼意思？？」

六、「我是想安慰奶奶嗎？還是不希望店鋪倒掉？」

七、「話說回來，奶奶自己想繼續經營和菓子店嗎？」

上述問題應該從哪個開始著手呢？順序不重要，從自己特別有感觸，或是覺得簡單的開始就行了。

當我們深入思考一個問題時，必然會同時聯想到許多問題。

步驟的重點在於，善用樹狀圖，針對問題，組織辯證體系（參考八十一～八十三頁）。

透過「前提」、「推論」、「理由」，建立「你的主張」（或稱「結論」），經過反覆推演，形成「辯證」。

如果只是不停嚷著：「我要幫助奶奶！」、「奶奶一定也希望生意變好！」這不叫辯證。在下一頁，我會教導各位，如何運用邏輯進行辯證，這是哲學思考的重要環節。

但是，哲學思考不是透過邏輯進行辯證的思考術而已。

一般的邏輯思考

前提 1 ＝ 生意變差的話，只能把店鋪收掉。

前提 2 ＝ 店鋪收掉奶奶會很難過。

↓（推論）

結論 ＝ 因為生意變差，所以奶奶很難過。

↓

對策

想幫助奶奶，
只要讓生意變好就行了！

如果全盤按照邏輯走，就無法激盪出新火花。說到底，邏輯也是按照各種邏輯基礎制定的法則。

哲學思考透過反覆詢問：「你怎麼能一口咬定？」、「追根究柢，○○是什麼？」、「如果換成○○的話呢？」一邊質疑結論、推論和前提，一邊進行辯證。

但是，為什麼生意變差非得歇業不可？

推論是否跳太快？

還有，奶奶看起來悶悶不樂，會不會有其他原因？

以此類推，我們不只要建立合理的邏輯推演，還要透過反覆質疑，盡可能延伸在邏輯推演的過程中產生的「另一種可能＝分歧點」，以找出「隱藏的前提」，這才是哲學思考的精髓。

去除成見，深入探討前提的前提，找出根本的原理，這正是古希臘哲學家柏拉圖實行的哲學式思考。

例如：「風景很美」、「音色很美」、「she is beautiful」……我們在日常生活中認知到各種不同的「美麗事物」，並在言談間不時提起。

「美麗的事物」包含許多種類，但它們都有一個共通的「美」，這個「美」的本質是什麼呢？柏拉圖稱此為「美的理型論」，並遵循邏各斯（理性、話語、原則）來探問事物的本質。

除了美之外，柏拉圖還探討了許多問題，如「何謂勇氣」、「何謂正義」等，在多方前提之下進行辯證，找出對立意見和矛盾之處，引導人們反過來思索：「說來說去，〇〇到底是什麼？」進而回頭找出事物的本質（理型）。

說來說去，「美」當真存在嗎？還有，探討普遍性的概念能夠稱作哲學嗎？哲學家之間也會出現意見分歧，但包含這些質疑成見及前提的疑問在內，都能加深議題討論，也是哲學思考的一環。

不斷擴充問題之後，原先單純的問題會像一棵大樹一樣伸展枝葉，變成「一套系統」。

哲學思考的重點是，在A4紙上畫下樹狀圖，慢慢壯大這套「邏輯系統」。

後幾頁會教你如何畫出哲學思考的樹狀圖。

光是建立這套邏輯系統，就能有效幫助我們理清思路，察覺不一樣的觀點。不過，若想徹底改革創新，則往往發生在合理的邏輯系統「走偏、崩解」之時。

在哲學思考裡，常出現某人突發奇想，提出任誰都沒想過的新觀點，徹底顛覆前提的例子。我會在第三章仔細介紹這些關鍵例子。

為何產生這個疑問？

回到勘太這邊，他先從問題五、六開始思考（參考五十七頁）。

勘太也覺得哪裡怪怪的，「要怎麼做才能拯救和菓子店？」這個問題，真的等於「要怎麼做才能幫助我最愛的奶奶？」嗎？

於是，勘太進一步問自己：「所謂的幫助奶奶，是什麼意思？」、「我是想安慰奶奶嗎？還是不希望店鋪倒掉？」

腦中率先浮現的是，奶奶說「其實啊……」時悶悶不樂的臉。

「想要拯救奶奶的店」，也是因為想幫助奶奶拾回笑容才誕生的。

在那個當下，總覺得只要讓生意變好，奶奶就會開心。

因為勘太下意識覺得：奶奶長年小心守護著和菓子店，如果接下來必須把店收掉，一定會很難過。

「不過，真的是這樣嗎？會不會有其他原因？」

用這種方式重新回顧「自己為何產生這個疑問」，是哲學思考裡相當重要的步驟。**這麼做可以幫助我們客觀檢視自己先入為主的成見，找出其他原因，發現至今從未想過的新觀點**。

來到這個階段，請針對問題提出更多問題，並將之分成幾種可能。

例如新問題：「奶奶為何悶悶不樂？」並按照不同的情形進行分類：

一、因為本來的人氣商品「QQ櫻餅」變得賣不出去了。
二、因為許多感情要好的顧客不再光顧了。
三、可能擔心經營多年的和菓子店就此倒閉。
四、因為不能給寶貝孫子吃「QQ櫻餅」了。

有時候，所有情形剛好互有關聯；有時則不一定。

舉例來說，有些客人會同時購買店裡的人氣商品「QQ櫻餅」和「紅豆丸子」，有些人則不會，因此會出現下列四種情形：

①QQ櫻餅和紅豆丸子都買的人。
②只買QQ櫻餅的人。
③只買紅豆丸子的人。
④兩種都不買的人。

也有許多問題和「奶奶愁眉不展的原因」毫無關聯。除了我前後各舉出的四種情形和四種客人，當然還有更多其他的可能。

「也許其中藏了只有奶奶才知道的原因。」

如果是這樣，就把後面才想到的可能當作補充，盡量把現階段能想到的所有可能用條列式寫下來。

但是，不需要為了湊數硬擠問題，例如：「奶奶是想騙我，才故意裝出難過的樣子。」

近代法國哲學家笛卡爾尋求「真理」，即便眼前所見之物是顯而易見的「2＋3＝5」，也會抱持懷疑。但他並非隨便懷疑，而是使用「方法」提出質疑，這叫「有方法的懷疑」，若是過度懷疑會脫離現實。

好，假設勘太把奶奶愁眉不展的原因歸納為前述的一～四種情形，與「因為不希望店鋪倒掉，所以露出難過表情」有關的應該是一～三。但倘若標準更嚴一點，直接有關的可能只有三。

反過來想，假設一～三無關，只和四有關，店的存亡就和奶奶傷不傷心沒有直接關聯了。

假設是這種情形，課題「如何搶救奶奶的店？」就和提升業績沒有直接相關。

「……等等？就算生意變好了，好像也無法解決問題喔？」

勘太成功把推論延伸到以前從來沒想過的地方了。

找出「關鍵課題」

深入思考至此，腦袋是否開始混亂了呢？

有些人可能感到有些疲累。因為，這樣的過程就是在「鍛鍊思考」。

深呼吸一下，跟我一起慢慢重新走一遍吧。

在此重新列出奶奶悶悶不樂的可能原因：

一、因為本來的人氣商品「QQ櫻餅」變得賣不出去了。

二、因為許多感情要好的顧客不再光顧了。

三、可能擔心經營多年的和菓子店就此倒閉。

四、因為不能給寶貝孫子吃「QQ櫻餅」了。

在哲學思考裡，不需要急著鎖定哪個答案才是奶奶傷心的真正原因。

就算最後沒找到答案，只要知道「假設X是關鍵課題，我們必須先解決Y課題」，就是通往解決問題癥結的第一步。**想要解決真正的問題，首先要做的是找出哪些課題可以解決它。**

假設一～三都能刪除，只有四和問題有關，我們能確定一個有用情報：提升業績無法解決問題。光是知道這點，就前進了一大步。

那麼，一～三與新冒出的問題之間，分別有什麼關聯呢？

這邊的課題是「我是想幫助奶奶（重拾笑容）嗎？還是不希望店鋪倒掉？」以及「奶奶為何愁眉不展？」

為了防止課題過度偏離主軸，反覆確認本來的問題也很重要，我們來一一檢查吧。

假設「奶奶為何愁眉不展？」的原因出在一，有什麼解決對策？

「大賣場蓋好之前，『QQ櫻餅』本來賣得很好。想要讓奶奶開心，似乎得想辦法

讓『QQ櫻餅』恢復熱銷。」

那麼，二的對策是？

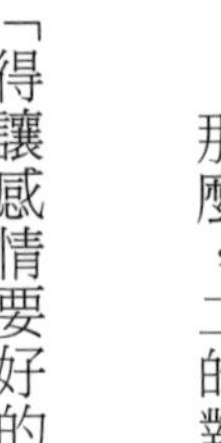

「得讓感情要好的顧客回流才行。」

如果是這種情形，也許和菓子熱不熱銷不是重點，只要附近鄰居願意回來聊天就行了。

那麼，三呢？

「要阻止和菓子店倒閉，就得擬定對策才行。」

像這樣細分之後，原因一～三出現差異，無法用「對策是阻止店鋪倒閉！」

或「對策是提升業績！」一概而論，每種情形可按照下列方式整理：

「我是想幫助奶奶（重拾笑容）嗎？還是不希望店鋪倒掉？」

←

阻止店鋪倒閉，等於幫助奶奶嗎？

這麼想的根據↓奶奶說「其實啊……」的時候，表情悶悶不樂。

←

「奶奶為何愁眉不展？」

←

一、因為本來的人氣商品「ＱＱ櫻餅」變得賣不出去了。

←

對策是讓「ＱＱ櫻餅」恢復熱銷。

需不需要全面提升店裡的業績還有待保留。

不過，若是店鋪關門大吉，就無法賣ＱＱ櫻餅了，所以店不能倒。

二、因為許多感情要好的顧客不再光顧了。

↓

對策是讓顧客回流。

需不需要全面提升店裡的業績還有待保留。

不過，若是店鋪關門大吉，熟客們就無法回來了，所以店不能倒。

三、可能擔心經營多年的和菓子店就此倒閉。

↓

直接的對策就是讓店鋪維持下去。

四、因為不能給寶貝孫子吃「ＱＱ櫻餅」了。

↓

就算店收起來了，只要做給我吃，就能解決問題。

要不要繼續經營，不是唯一的對策。

問題是，光是在腦海裡沙盤推演，根本無法全部記住。

人類無法在短時間內記住太多事情，連要記住別人家的電話號碼都很困難，對吧？

那麼，該怎麼辦呢？

解決的方法是把辯證過程在紙上畫下來。

雖說是「畫」，但不需要高超的繪畫技巧，只要大致畫出辯證的架構就行了。

哲學思考將這種筆記方式稱作**「哲學錄像」**（**哲學recording**）。

八十一頁列出了哲學錄像所需的基本圖示，用這些圖示，把辯證過程畫成樹狀圖吧。目前為止的辯證架構請參考八十二～八十三頁的圖示範例。

清除焦慮的「兩種方法」

面對模糊不清的煩惱和問題時，我們難免感到焦慮。在此介紹兩個有效清除焦慮的好方法。

一、**不只是動腦思考，同時動動手和身體，採取具體行動。**

「動手」有許多做法。

除了使用「哲學錄像」畫出辯證架構圖，不妨動手把浮現的想法寫成筆記。光是把想到的課題按照順序寫下來，就能安定心情。

此外，也可嘗試有條理地說給別人聽，這麼做有很好的效果。透過話語輸出腦中的疑問也是一種行動。

二、**清除焦慮的另一個方法：「建立課題（組織問題）」**。

事實上，當我們感到窮途末路時，**通常不是因為找不到答案而煩惱，而是因**

哲學錄像會用到的基本圖示

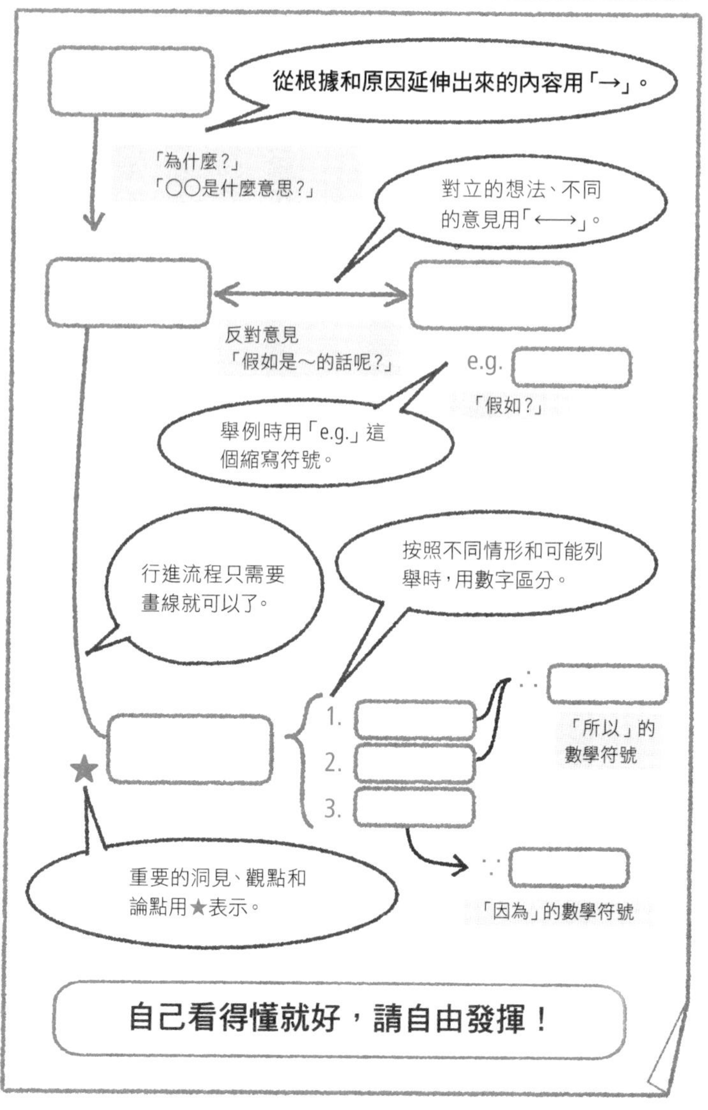
從根據和原因延伸出來的內容用「→」。
「為什麼？」
「○○是什麼意思？」
對立的想法、不同的意見用「←→」。
反對意見
「假如是～的話呢？」
e.g.
「假如？」
舉例時用「e.g.」這個縮寫符號。
行進流程只需要畫線就可以了。
按照不同情形和可能列舉時，用數字區分。
1.
2.
3.
「所以」的數學符號
「因為」的數學符號
重要的洞見、觀點和論點用★表示。
自己看得懂就好，請自由發揮！

畫線把相關的項目連起來，
不需要畫得很漂亮。

對策是讓「QQ 櫻餅」恢復熱銷。
需不需要全面提升店裡的業績還有待保留。
不過，若是店鋪關門大吉，就無法賣 QQ 櫻餅了，
所以店不能倒。

對策是讓顧客回流。
需不需要全面提升店裡的業績還有待保留。
不過，若是店鋪關門大吉，熟客們就無法回來了，
所以店不能倒。

直接對策就是讓店鋪維持下去。

就算店收起來了，只要做給我吃，就能解決問題。
要不要繼續經營，不是唯一的對策。

「哲學錄像」這樣寫

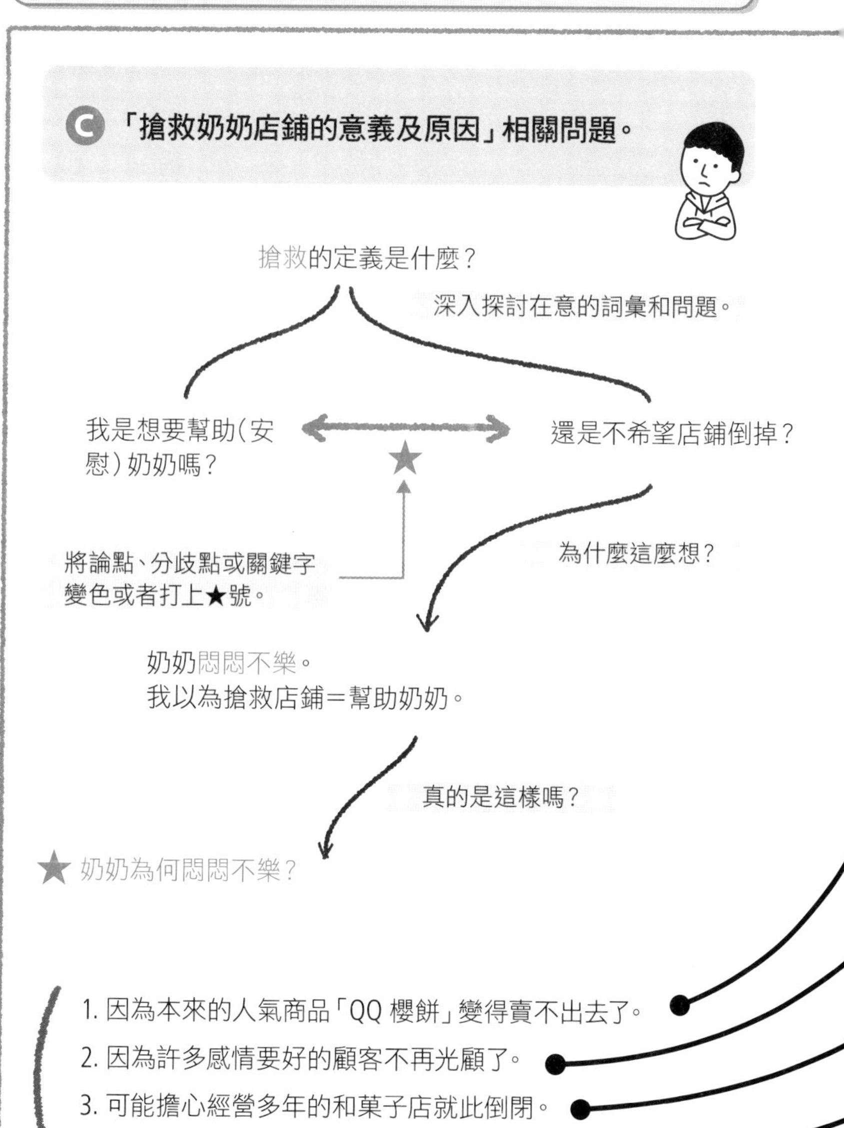

C 「搶救奶奶店鋪的意義及原因」相關問題。
搶救的定義是什麼？
深入探討在意的詞彙和問題。
我是想要幫助（安慰）奶奶嗎？
還是不希望店鋪倒掉？
將論點、分歧點或關鍵字變色或者打上★號。
為什麼這麼想？
奶奶悶悶不樂。
我以為搶救店鋪＝幫助奶奶。
真的是這樣嗎？
★ 奶奶為何悶悶不樂？
1. 因為本來的人氣商品「QQ 櫻餅」變得賣不出去了。
2. 因為許多感情要好的顧客不再光顧了。
3. 可能擔心經營多年的和菓子店就此倒閉。
4. 因為不能給寶貝孫子吃「QQ 櫻餅」了。

為不知如何建立階段性目標而苦惱。

換句話說，焦慮的主因多半出在沒有頭緒，**無法順利建立課題**。

事實上，到目前為止，我們僅針對課題「如何搶救奶奶的店」進行辯證，尚未得出任何解答。

但是，我們目前做的所有步驟，**都是為了從多方角度看待課題，從而找出真正的課題**。先別急著找答案，只要了解「這個問題是在問什麼？」、「問題的背後有什麼前提和條件？」、「解決哪個問題就能解決真正的問題？」，眼前的路自然會漸漸亮起。

明確知道「達成這些條件就能解決問題」，與明確知道「達成這些條件**不能**解決問題」，兩者都能「指引方向」。

把問題分類的步驟，也是將不同的事物明確「劃分」、「找出差異」。**很多時候，人被煩惱及問題困住的主因，出在無法區分每種情形差在哪裡。**

煩惱的根源出在

× 找不到對策。

○ 搞不懂「真正的問題」。

→掌握這點，九成的煩惱都會消失。

只要好好組織問題，心情就能豁然開朗。

如果覺得「哪裡很在意」，不妨等理清思路後，再來專心對付它。

好，閒話點到為止。

回到勘太和奶奶的任務吧。

截至目前為止，我們一共思考了問題五和問題六。

問題七也用同樣的方法思考就行了，但不強迫全部都要思考過一輪。

只挑自己特別在意的問題來想也行。

方法不再贅述，我們直接進行到下一個步驟。

STEP 3-B 從其他角度進行辯證

接著要從其他角度深入探討問題。

在「STEP 3-A」裡，我們針對C組「搶救奶奶店鋪的意義及原因」相關問題進行了辯證思考。

以此類推，其他組也要動腦思考。

我們先回到「STEP 2-B」。順序排在C組後面的觀點有以下兩個：

A **「提升業績（讓生意變好）」相關問題。**

B **「了解顧客（含潛在顧客）的想法及光顧的原因」相關問題。**

這兩組也用和C一樣的方式進行思考吧。

倘若時間充足，就把兩組都跑一遍；倘若時間不夠用，或是注意力已無法集中，二擇一也無妨。

那麼，A和B相比，哪個比較重要，應該優先？

答案視時間和當下的狀況而定，沒有正確解答。不過，我們在思考C組，並且按照情況分類時已得知：想要解決真正的問題，「提升業績」只是治標不治本。

從「也許奶奶只是想和客人聊天」的角度來看，思考B能得到的有用資訊似乎比較多。

此外，我們在進行「STEP 2-B」時已發現，就算思考A，也需要顧客先回流才有意義，由此推論B應該排在前面。

B組的問題有以下兩個：

三、「那些老主顧為什麼跑去新開的和菓子店？」

四、「有些人為什麼從來沒來買過和菓子呢？」

這兩個問題也用和五、六一樣的方法來思考吧。直接針對問題三、四提出想法也好，想繼續對問題提出質疑也好，都很值得思考一番。

「對了，具體來說，來店裡的都是些什麼人？」

反過來想，也有一些熟人從來不曾光顧。

「我的熟人裡面，有哪些人從來沒來過啊？」

勘太仔細回想兩週之前還常來的客人，以及從來沒光顧過的人，分別是次頁所列出的面孔。

e.g.是「舉例來說」的縮寫符號。把「哲學錄像」常用的關鍵字換成好用的縮寫，可以加快筆記的速度。其他縮寫符號請參考八十一頁。

常來光顧的客人

e.g.

阿仁叔叔，四十歲壯年期的上班族爸爸。

小竹婆婆，和奶奶年齡相仿，常來聊天串門子。

從來沒光顧過的熟人

e.g.

創志哥，每天花時間通車去遙遠的頂尖大學上課。

阿金，早熟的高中生，最近交了女朋友，兩人形影不離。

使用哲學思考時，建議一邊對照實例一邊前進。

用「老主顧」、「沒來過的人」來稱呼太籠統了，無法具體鎖定對象。

這種時候，請一邊仔細回想特定人物，一邊思考那個人的特徵。

勘太察覺，店裡的常客很多都是長輩。

同時也發現，這些人最常和奶奶站在店裡聊天。

另一方面，年齡層比較接

近自己的年輕人則很少光顧，這些人多半是男生。

從上述資訊可以得知，長輩以前很愛來串門子，但青少年本來就不是店裡的主力對象。

既然如此，青少年不來，恐怕跟新開的大賣場沒有關聯。由此推測，問題四的主要對象為年輕人，且以男孩子居多。

那麼，我們不妨把問題四改成：「四、年輕人（尤其是男孩子）為什麼不來呢？」

另一方面，問題三提到的「老主顧」多半是長輩，裡面包含常和奶奶聊天的人。

因此，我們也可以把問題三改成：「某某某為什麼跑去新開的和菓子店呢？」

但是，勘太對問題三產生了新的疑慮：

「熟客不來，真的是因為跑去新開的和菓子店嗎？」

然後，勘太想起一件事：這兩週時常下雨。客人減少，會不會跟雨天有關？如果是的話，等天氣變好、連續放晴，也許客人會自動回流？

透過這個問題，勘太找出了問題三隱藏的疑問：「那些老主顧真的去了新開的和菓子店嗎？」

本來的問題三也必須建立在「真的跑去新開的店」之下才能成立。

那麼，不如先釐清這個問題，之後再來討論他們為何被新開的店吸走吧。

另一方面，如果沒來的客人其實沒去新開的和菓子店，問題三就可以改成：「那些老主顧為何沒去新開的店，也沒來光顧奶奶的店呢？」

思考完畢後，一樣沿用問題五、六的做法釐清重點，詳情請看九十四、九十五頁的範例。

這樣問題都整理完畢了，我們也大概知道需要調查哪些對象，才能正確擬定對策，解決問題核心。

第一批採訪對象為年長的客人，以及時常和奶奶閒聊的顧客。首先必須向他們確認：最近有沒有去新開的和菓子店？

如果答案是「Yes」，就要進一步詢問原因和動機。

如果答案是「No」，就要進一步詢問最近為何沒來。

第二批採訪對象為年輕人，尤其是男孩子。

如果這些人本來就不是店裡的生意對象，很可能和大賣場開了新的和菓子店毫無關聯。但是，調查他們不來的原因之後，可以進一步了解這些人和會來的族群之間的明確差異。此外，假設最後的解決對策是提升業績，這些人也是很重要的潛在客戶。

如果想了解「STEP 3-A」裡討論過的問題五～七，勢必也需要向奶奶本人確認她對於店鋪的想法。

用辯證的方式找出分歧點和其他可能，
哲學錄像的重點：一邊質疑前提，一邊思考！

為什麼長輩們都跑去新開的和菓子店了？

這個推測正確嗎？有沒有其他可能？

之前的老主顧
真的跑去新開的和菓子店了嗎？

Yes 的話 ➡ 問題維持不變。

No 的話 ➡ 這些老主顧為何既沒去新開的和菓子店，
也沒來奶奶的店？

那些年輕人，尤其是男孩子，
為什麼不喜歡來？

用「哲學錄像」進行辯證

B「了解顧客（含潛在顧客）的想法及光顧的原因」相關問題

3. 那些老主顧為什麼跑去新開的和菓子店？

4. 有些人為什麼從來沒來買過和菓子呢？

具體來說，來店裡的都是哪些人？

e.g. 40 歲左右的上班族阿仁叔叔。
常在店裡閒話家常的小竹婆婆。

我認識的人裡面，有哪些人從來沒來過呢？

e.g. 通車上大學的創志哥。
高中生阿金。

★ 同輩的年輕人，尤其是男生。

奶奶對於開店究竟有什麼想法？為何看起來悶悶不樂？我們雖然已經根據情形分類出幾種假設，但想知道哪些假設正確、哪些假設錯誤，當然要把奶奶本人列入調查對象。

如此一來，問題三、四變得更明確了，不但多出更多觀點，而且只要去問當事人，就能底定方向。

本來毫無頭緒的問題，在哲學思考的幫助下，成功掌握關鍵課題，清楚知道調查的方向了。

在下一個步驟，我們將來驗收成果。

STEP 4

發掘「新洞見和新觀點」

終於來到最後一步了。

目前為止，我們利用辯證，完成了兩張樹狀圖（參考八十三、九十五頁）。最後一個步驟就是：分析比較兩張圖，找出全新的觀點和洞見。

在此先參照「哲學錄像」（五十七、八十三、九十五頁的圖），回顧至今為止的進度吧。

哲學思考時常需要配合狀況，**反覆回顧之前辯證過的內容**。

回憶自己之前的辯證過程，不是單純的整頓思緒，還能在複習的過程裡，察覺新觀點和新洞見。

★1 提升業績有待保留

★2 店不能倒閉

分析常出現的關鍵字、新洞見和新觀點，並且做上記號。

對策是讓「QQ 櫻餅」恢復熱銷。★1

需不需要全面提升店裡的業績還有待保留。不過，若是店鋪關門大吉，就無法賣 QQ 櫻餅了，所以店不能倒。★2

對策是讓顧客回流。

★1 需不需要全面提升店裡的業績還有待保留。不過，若是店鋪關門大吉，熟客們就無法回來了，所以店不能倒。★2

★2

直接對策就是讓店鋪維持下去。

就算店收起來了，只要做給我吃，就能解決問題。

要不要繼續經營，不是唯一的對策。

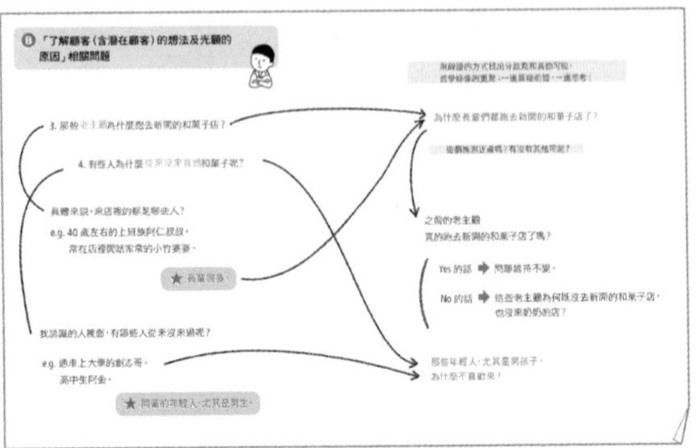

複習之前的「哲學錄像」

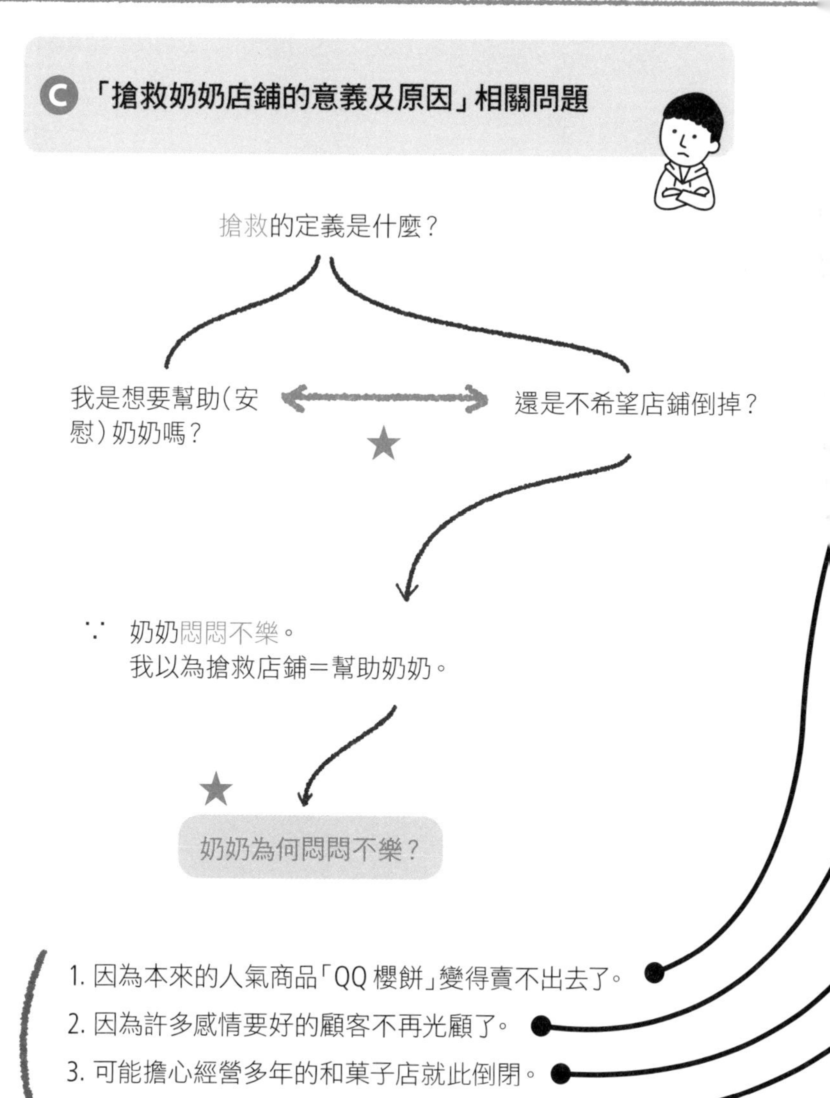
C 「搶救奶奶店鋪的意義及原因」相關問題
搶救的定義是什麼？
我是想要幫助（安慰）奶奶嗎？
還是不希望店鋪倒掉？
∵ 奶奶悶悶不樂。
我以為搶救店鋪＝幫助奶奶。
奶奶為何悶悶不樂？
1. 因為本來的人氣商品「QQ 櫻餅」變得賣不出去了。
2. 因為許多感情要好的顧客不再光顧了。
3. 可能擔心經營多年的和菓子店就此倒閉。
4. 因為不能給寶貝孫子吃「QQ 櫻餅」了。

原始課題為：「如何搶救奶奶的和菓子店？」
第一個步驟不是針對課題進行「回答」，而是舉出七個「問題」，透過「STEP 2-A」，將問題分成三組。

A「提升業績（讓生意變好）」相關問題。
B「了解顧客（含潛在顧客）的想法及光顧的原因」相關問題。
C「搶救奶奶店鋪的意義及原因」相關問題。

在「STEP 3-A進行辯證」裡，我們首先針對C組問題進行思考。

五、「所謂的幫助奶奶，是什麼意思？」
六、「我是想安慰奶奶嗎？還是不希望店鋪倒掉？」
七、「話說回來，奶奶自己想繼續經營和菓子店嗎？」

在重新審思問題的過程裡，勘太開始質疑「不讓和菓子店倒掉」，真的等於「幫助奶奶」嗎？

另外，勘太不確定奶奶悶悶不樂是否和擔心店鋪倒閉有關，把推測按照情況分類成四組後，發現幾個疑點。

在下一個程序「STEP 3-B從其他角度進行辯證」（參考九十四、九十五頁）當中，勘太針對「B 了解顧客（含潛在顧客）的想法及光顧的原因」相關問題進行思考。

三、「那些老主顧為什麼跑去新開的和菓子店？」

四、「有些人為什麼從來沒來買過和菓子呢？」

勘太仔細回想不曾來店捧場的熟人是哪些人，接著發現全是年輕男性，因此想到，可以把問題四改成：「四、年輕人（尤其是男孩子）為什麼不來呢？」

接著，勘太仔細回想常來光顧的面孔，並察覺最常和奶奶站在店裡聊天的，幾乎都是長輩。

因此，勘太想到可以把問題三：「那些老主顧為什麼跑去新開的和菓子店？」改成：「那些老主顧真的去了新開的和菓子店嗎？」

於是，勘太察覺了問題三是在涵蓋：「那些老主顧為何沒去新開的店，也沒來光顧奶奶的店呢？」的前提下才有的問題，並將辯證過程整理成九十四、九十五頁的樹狀圖。

在反覆詢問、辯證思考的過程裡，我們有了幾個新發現。快速回顧的時候，你是否又有了新發現呢？

在本章最後一個步驟，我們要使用哲學錄像頻繁使用的★號等符號來提示重點。

請翻回九十八、九十九頁，重新看一次「C搶救奶奶店鋪的意義及原因」相關問題吧。

在這裡，**「店不能倒閉（直接對策就是維持店鋪）」**的結論就出現了三次。

此外，「提升業績有待保留」也出現了兩次。

仔細觀察反覆出現的關鍵字，可以察覺一個重點：

店雖然不能倒，但**提升業績不見得是最佳方案**。

一般來說，店的存亡與業績兩者必須並存，但是經過了辯證分析之後，我們發現：就算店不能倒，提升業績也不是關鍵命題。

勘太努力想出幾個「店不能倒」的理由，儘管擔心店倒了客人無法回來，但業績好壞不見得直接產生影響。

不僅如此，勘太更進一步發現：即使店鋪沒了，也許奶奶只要能做QQ櫻餅給寶貝孫子吃，就會獲得滿足。

接著，在「STEP 3-B從其他角度進行辯證」裡，勘太針對「了解顧客（含潛在顧客）的想法及光顧的原因」相關問題進行思考。

由於之前主要是年長顧客喜歡找奶奶聊天，我們可以假設因為這些人沒來，導致奶奶很寂寞。

如果是這樣，就算不提升業績，只要讓本來常來聊天的客人回流，並運用某些方法使店不會倒，應該就能解決問題。

因此，「提升業績=非必要條件」。

如此對照、分析比較「STEP 3-A進行辯證」和「STEP 3-B從其他角度進行辯證」之後，我們擬定了幾個對策方向，並看出以下兩個問題的重要性：

「該怎麼做，才能讓本來會和奶奶聊天的客人回流呢？」

「不需要特別提升商品業績，但也不會倒閉的方法似乎是解決之道。但要怎麼做呢？」

「世界上真有這種好方法嗎？」

我們經過了分析比較，找出了新問題：「不需要提升商品業績，只要店不會倒，和奶奶聊天的老主顧願意回來，應該就能解決問題。但要怎麼做呢？」

以此類推，**從頭到尾都不需要「回答」，光是延伸思考框架，找出新「問題」，就能察覺當初完全沒想過的新觀點**。

把新的問題當作題目，重新進行哲學思考，就能找到更多新點子。

在第二章和第三章，我會教大家如何運用哲學思考「自由擴充創意」以及「創造新觀念」。

本章教大家如何從不同視角看待原始課題，找出應該調查的方向，這樣就很夠用了。

許多人在問題發生的第一時間，只想著如何迅速滅火。

「現在該怎麼解決問題？」

「馬上列出原因，我要立刻確認。」

一旦焦急，往往無法看出問題癥結。

唯有叩問「真正的問題出在哪」，才有可能「解決問題」。

「搶救業績是其次？簡直胡說八道！」

許多人一定都這麼想，導致的結果是：員工因此滿腹委屈，無預警離職的情況屢見不鮮，團隊士氣低落，反而影響整體效率。

事實上，針對這些客戶，本公司舉辦了企業組織開發、員工研習課程，運用多人講座型的哲學思考，來解決許多公司面臨的核心問題。

除了找出自己的目標，不妨多聽聽參與計畫的其他人的想法。

即使看起來像繞遠路，但唯有找出問題癥結，才是通往業績長紅的不二法門。

想要解決問題，
請先使用「提問」
找出「問題癥結」。

哲學思考的絕活就是跳脫既定框架，發掘最新的議題和觀點。

話雖如此，光是提問仍不足以解決問題。

在下一章，我們將深入探討解決問題前必須釐清的疑點。

第一章 重點整理

- 釐清「該解決的問題」並制定合適的課題。
- 從看來毫不相干，但自己**特別在意的問題**開始思考。
- **質疑前提，從其他角度**辯證思考。
- 用筆記法畫出辯證流程。
- 找出問題的爭議點和差異在哪。
- 回顧過程，發現**新問題**、**新洞見和新觀點**。

刺探真心話的「創意提問」

在與人對話中延伸創意

集思廣益解決難題

勘太一想到奶奶的店就坐立難安，當天傍晚立刻把事情的經過告訴了母親。

「媽，不好了！聽說奶奶要收起來！」

「啊？收什麼？棉被呀？」

「不是。」

「冬衣嗎？」

「也不是……」

登場人物

勘太

媽媽

奶奶

之前的老主顧（阿仁叔叔）

沒來過的人（阿金）

「到底是什麼？」

「和菓子店。」

「和菓子店？為什麼？太突然了吧！」

「新開的大賣場裡，有家新開的和菓子店，不知道是不是那間店的關係，這兩週奶奶的店生意很冷清，『QQ櫻餅』賣不完，今天奶奶沒備料，我去撲了空，奶奶還跟我道歉，看起來很難過。」

「原來發生了這種事……那間店從你出生以前就在了，一直都是奶奶在管理。勘太，你對這件事有什麼看法？」

「嗯，我想了很久，最後決定親自去問問奶奶的看法。除此之外，也想找之前常來

的客人和從來沒來過的客人做問卷調查。媽，可以幫我聯絡大家嗎？」

「好啊，小事一樁。」

媽媽很高興看見兒子成長，變得溫柔善良、樂於助人，隔天馬上邀這些人來家裡坐坐。

第一個來的人是奶奶。勘太有好多事情要問奶奶。

「小勘，午安呀，謝謝你幫奶奶做了這麼多事。」

「奶奶別客氣，今天謝謝妳來！」

奶奶看起來有點害羞。

第2課

「引導別人說出真心話，好好統整一番，找出解決問題的對策吧！」

哲學思考可以用在這些時候！

▼善用詢問技巧，引導別人說出藏在心底的想法或意想不到的觀點（市場調查、跨世代調查）。

▼統整議題和全員意見，提出令所有人眼睛一亮的嶄新觀點、創意靈感和解決對策（創意發想、解決問題）。

▼在開會和跑業務時，說話更具說服力。

哲學式「提問」的驚人成效

「如何搶救奶奶的店？」在現階段，勘太已從各種角度思考過這個問題。

透過哲學思考，勘太發現：想要從根本解決問題，得先問問其他人的想法，對象包括奶奶本人、以前常來店裡的阿仁叔叔，還有從來不曾光顧的阿金。

如同上一章勘太的示範，哲學思考既可以單人進行，也可以如同接下來的示範，進行多人思考。這麼做不但更有趣味，還能使會議變得更有生產力，激盪出更多創意靈感。

勘太獨自思考問題時發現，想解開問題癥結，該做的第一步是確認以下問題：

「奶奶為何悶悶不樂？」

根據情形，答案有時和原始課題「如何搶救奶奶的店？」所追求的答案有很大的出入。不僅如此，我們從九十一頁起的思考中得知，下列問題也很重要：

「那些老主顧真的去了新開的和菓子店嗎？」

「年輕人（尤其是男孩子）為什麼不來呢？」

想知道上述問題的答案，應該怎麼做呢？我們如何從答案裡找出解決真正問題的方法？

來到這一步，一樣**用漸進式的詢問方式**，**引導出真心話**。

和之前不一樣的是，光是在自己的腦子裡想，是得不到答案的。奶奶愁眉不展的原因，只有奶奶本人知道；之前的客人是否改去新開的和菓子店，也只能直接向他們確認了。

所以，勘太這次召集了握有解決問題關鍵鑰匙的人（行銷上叫「目標樣本」或「調查對象」等），要向他們一一提問。

「那不就是所謂的問卷調查和街頭訪查嗎？」

有些人應該這麼想。是的，在商業市場上已有許多方法，針對不同客群、年齡層做「問卷調查」、「分組調查」、「深度訪問」（一對一深入談話的調查形式）等。

近幾年盛行的「設計思考」（Design Thinking），同樣建議大家在第一步驟「觀察、找出共鳴」的階段，「盡可能仔細觀察，傾聽不同的聲音」。

「請問，哲學思考和上述方法差在哪裡？」

差別在於：**哲學思考運用哲學方法，與受訪者一同思考、深入探究問題，進而引導出連當事人自己也沒察覺（無法具體描述）的內心聲音**。

我在「前言」提過蘇格拉底，他是一位透過反覆與人對話來探究「真理」的哲學家，這種對話方式，後世稱為「蘇格拉底問答法」或「蘇格拉底接生法」[註]，藉

哲學思考也是一種
實用的「提問技巧」，
引導別人說出
難以描述的真心話。

由向不同人士提問，質疑「理所當然」的方向，追本溯源、探究事物的原理。

哲學方法既可用來探究世界萬物的終極原理與人類的本性，也能應用在市場調查、跨世代調查、概念建立等商業領域。

「大眾的消費行為究竟根據什麼原理在運作？」、「好的商品和好的服務究竟是什麼？」想要解開這些謎，商業必然會和「哲學問題」碰撞。

一定要記得「欲速則不達」

用實例來比喻，我們在日常生活會提到這些話：「他說的很對」、「我現在過得很幸福」、「動物也有心靈啊！」先不管這些話的真實性，有人應該完全聽不懂文字表達的意思吧？不過，我們可以透過提問找出方向，例如：

註——蘇格拉底主張教育是替知識「接生」，因此老師應該扮演「產婆」的角色，而非填鴨式回答。

Column 02

現代的商業競爭為何需要哲學？

在過去，人們認為哲學和商業就像水和油的關係，不但彼此無法相融，硬是混合在一起還可能產生危險。古希臘的泰利斯據說是世界上第一位哲學家，他主張哲學應秉持「觀照態度」，創立了非實用的哲學流派；就連蘇格拉底也批評古雅典人過度看重金錢、地位，不關心自己的靈魂提升。只要接觸過西方哲學的起源，會認為哲學和商業彼此衝突並不奇怪。

然而，現代社會與古希臘的時空背景已不同，企業不該一味追求利益，也得遵從「SDGs」（聯合國制定的「永續發展目標」）和「ESG」（環境、社會及公司治理）的指標，把環境衛生、個資保障、員工福利一併納入考量，追求企業倫理價值。

現在，美國的「谷歌」、「蘋果」甚至聘請了專屬的哲學家。企業開始追求「善與美」和「自由思辨」精神，與哲學的距離越拉越近。

回應時代潮流，歐美各地的哲學博士紛紛成立「哲學顧問」公司和諮詢團體。除此之外，世界各地更密切舉辦國際研討會，研究如何在現代社會實踐哲學。

「『對』是指什麼情形？」

「『幸福』的定義是什麼？」

「『有』是什麼意思？能說明看看嗎？」

換作各位，會如何回答這些問題呢？

「嗯……多數人認可的事情就是『對的』？」

↓

「這表示少數派的意見『全是錯的』嗎？」

「對我來說，幸福就是每天快快樂樂。」

↓

「就算有點辛苦，只要努力朝著嚮往的目標前進，也算是一種幸福吧？」

「『有』就是存在眼前的意思吧？」

←

「但是，光用『存在』一詞無法表達『有』的意思，不是嗎？難道肉眼看不見的東西，例如『心』，就等於不存在嗎？」

可想而知，如果每次都要打破沙鍋問到底，一定會被當成**「麻煩人物」**。

但是，「哲學式思考」**不能隨便妥協，也不能輕言放棄思考，必須持續發問，直到其他人也能接受為止**。

「幸福沒有正確答案，每個人的幸福都不一樣啊！」

這看起來是一個開放式回答，其實只表達出一種立場，即「答案因人而異」。補充一下，哲學把這種「每個人的感受方式不盡相同」的立場稱作**「相對主義」**。

但是，如果真是這樣，為什麼擁有不同語言、文化、價值觀背景的人之間，依然能夠建立有意義的對話，彼此取得共識呢？

如果「每個人真的都不一樣」，不就無法一起享用美食、聆聽動人的音樂，享有共同的價值了嗎？

的確，絕對的「對與錯」和「幸福」可能並不存在。

德國哲學家尼采就曾駁斥：「柏拉圖描述的普遍價值並不存在。」此外，在現代哲學領域，擁護「真理恆久不變，不受時空場合限制」的哲學家也越來越少了。

但同時，**認同雙方能共有部分真理，並努力尋求可能的哲學家也增多了**。

針對不同性別、世代、地域，調查特定族群的習性時，還有公司需要建立專案小組的共同目標和集體意識時，哲學思考都能發揮妙用。

當然，從某個角度而言，「坐而思不如起而行」這句話也沒有說錯。

不過，如同本書在「前言」所說，不先搞清楚「我為什麼要執行這個計畫？」、「我為什麼要選擇這條路？」，只是一味向前衝的話，到頭來很可能在中途迷失方向。

如果只有自己一人，倒還好解決；如果是團隊作業，大家各做各的，等到發現問題時，恐怕為時已晚，會整隊一起沉船。

另外，不找出問題根源，一味敷衍了事，到頭來問題沒有解決，只會一再復發——這種例子我在企業看太多了。

我們以為自己明白重要詞彙的意思，如「對與錯」、「幸福」等，實際上，彼此之間並沒有真的取得共識。不過，若能創造一個共同願景（理念、理想）或概念，制定核心目標和期許標語，就能幫助個人和團隊整體加速前進。

「光想這些有什麼用？」、「豈不是浪費時間？」、「趕快開始比較重要。」沒錯，但這些全是倉促行事的想法。在開始執行計畫之前，我們應該靜心思考：什麼事情該做？／什麼事情不該做？（To-Do/Not-to-Do）這樣才能減少無謂的消耗，打平起步較晚的損失，後來居上，邁向成功。

那麼，既然每個人都有不同的想法，我們又該如何引導大家說出真心話和內在需求，創造核心目標呢？

不二法門就是**「好好傾聽對方的想法」**，有時也別忘了**「傾聽自己內在的小聲音」**。

「彆腳的問法」只會得到「彆腳的答案」

話雖如此，不管是傾聽別人的聲音，還是自己內在的聲音，都需要小訣竅。

「奶奶，問妳喔，妳之前為什麼看起來悶悶不樂啊？」

「嗯……為了什麼事情呢？奶奶自己也不記得了……」

「因為『QQ櫻餅』停產嗎？」

「這件事啊……當然難過啦！」

「因為之前的客人沒有再來嗎？」

「這件事啊……說來也很感傷呢。」

「還是因為店鋪可能要收起來了？」

「這件事啊……奶奶也很難過呢。」

「還是因為那天沒讓我吃到『QQ櫻餅』呢？」

「是啊……這也很遺憾。」

「這下子答案全都一樣嘛，怎麼辦！」

上述問法就是**「蹩腳的問法」**。**把心裡想確認的事情（假設）直接當作問題發問，很可能得不到你想要的答案。**

「嗯……為了什麼事情呢？奶奶自己也不記得了……」這句話表示被問的當事者（＝奶奶）可能沒有自覺。

這種時候，如果再問「因為『QQ櫻餅』停產嗎？」，即使實情不是如此，也會因為受到暗示而覺得「好像真的是這樣」。

這就是迫使人回答的**「誘導性提問」**。

假設勘太只問了一個問題就結束，那是最糟糕的情形。明明還可能有其他結果，問答卻結束了。

只取得片面資訊，說穿了就是與事實不符的「假資訊」而已。

世界上九十九%的
問卷調查和訪問，
都是「誘導性提問」。

「耐心等待」對方開口

擔任聆聽者，最重要的是「等待」。

當對方說出「嗯……為了什麼事情呢？奶奶自己也不記得了……」後，那段沉默的空白，可能就是回憶內心深處在意的事情、醞釀話語所需的時間。

好的提問技巧之一是：**切莫操之過急、連續發問，給予對方慢慢思考回答的時間**。不過，也可能遲遲等不到答案。這時就要由你伸出援手。

在哲學思考裡，**「為什麼？」**（WHY?）是一個相當重要的問法。

但是，人們在面對「為什麼？」的時候，往往會出現各式各樣的回答法。有些人會回答原因——造成這個結果的原因；有些人會回答這麼做的目的；有些人會舉出實例加強自己的論點；有些人會找藉口搪塞。要從眾多選項裡挑選「正確結果」並不容易。更有不少人一聽到「為什麼？」，會突然不知所措，回你一句「你問我也沒用啊……」

遇到這種情形，最有效的方法是「舉例說明」，提出其他例子和觀點，供回答者參考。

「比方說，奶奶，妳當時有遇到什麼不開心的事情嗎？」

用這種方式發問，奶奶就能自然地脫口而出：

「我想想喔……最近客人少了，可能有點寂寞吧。說來感傷，但再這樣下去，可能得把店鋪收掉了。」

這是其中一種可能。重點在於：讓對方**自動**把話說出來。

但是，即使對方自動說出口，也不需要百分之百信以為真。時時刻刻站在批判、懷疑的角度，是哲學思考的重要精神。

有時我們也需要加入詢問作為輔助，像是：「真的嗎？還有沒有其他可能？」讓對方重新思考整件事情的脈絡和其他可能，也許能因此得到不同的事由和原因。

這個時候，主動出擊很有效，例如：

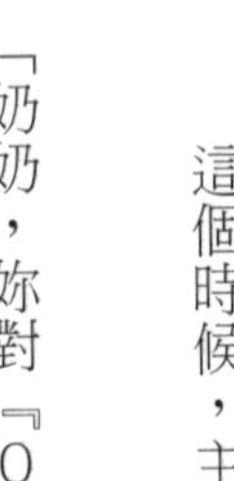

「奶奶，妳對『QQ櫻餅』停產這件事有什麼看法？」

這麼做可以動搖對方對第一個答案的信心，藉此回想起更深層的原因。

這是**促進當事者回想其他可能的提問方式**，和先前提到的誘導性提問「因為『QQ櫻餅』停產嗎？」乍看很類似，但本質完全不同。

有技巧地「改變問題」，使回答更加豐富多元

提問是一門講求學問的技巧，同樣的詞彙放在不同的「文脈（語境）」裡，會產生截然不同的作用和效果。

我在「前言」提過「改變問法的重要性」，與此有關。

「問題」的內容只是其次，重要的關鍵是：你把問題放在什麼樣的脈絡裡，

用哪種角度、哪種方式切入。

和「問題」本身相比，靈活改變「問法」，才能拓展回答者的視野。

舉例來說，想要套出對方的真心話，要做的不是直搗黃龍，而是旁敲側擊：「除了ＱＱ櫻餅以外，還有其他商品賣不好嗎？」、「如果ＱＱ櫻餅銷量不變，換成豆餡球賣不好呢？」拐個彎絕對能帶來更好的效果。

真要說起來，銷量下滑的很可能不只ＱＱ櫻餅。也就是說，如果換成其他商品被迫停產，可能也會導致同樣的結果。

「如果換成豆餡球賣不好，奶奶也會傷心嗎？」

「不管是哪樣商品停產，奶奶都會傷心喔。」

如果其他商品賣不好，奶奶同樣傷心，那就表示「ＱＱ櫻餅」不是重點。

我在八十四頁談到，想要查出問題的癥結，就要「明確劃分」、「找出差異」；同樣地，正因為有所差異，QQ櫻餅和豆餡球才具有不同的意義。

在這個階段，請使用舉例的問法，如：**「如果換成〇〇呢？」、「如果反過來（從其他觀點）思考呢？」試著假設出不同的狀況，透過詢問，確認差異；或者也可以問：「它和〇〇差在哪裡？」至少舉出兩個以上不同的例子，突顯彼此的差異。**

使用極端的「假如……」，套出真心話

前面說的改變提問方式，還有其他妙招。

那就是「用極端的假設情境，詢問對方的看法」。

「奶奶，假如妳中了**彩券頭獎**，會繼續開店嗎？」

「頭獎！奶奶想想……還是會繼續開吧。可以趁機把店鋪裝修一下呀。」

「假如年輕人愛去的**原宿鬧區**開了和菓子店，奶奶想跟進嗎？」

「那倒還好呢……有機會的話，奶奶也想多跟年輕人聊聊天，但只要鎮上的客人和小勘你願意來玩，奶奶就很高興了。」

「假如**回到過去**，奶奶一樣會開和菓子店嗎？」

「上了年紀以後，搬東西變得很吃力，但如果能回到過去，奶奶一樣想做和菓子喔。」

第一個問題是問：倘若奶奶不缺錢、生活無虞，一樣會開店嗎？藉此確認奶奶開店的目的是不是為了賺錢。

刻意假設「現實中不可能發生的狀況」，意外能幫助膠著的問題點浮現而出。這叫做**「思考實驗」**。

從奶奶的回答來看，開店的目的不只是為了討生活。但是，言談中奶奶也提到「有機會想裝修店面」，所以，儘管不確定奶奶對業績的期許，但她有意願讓店面變得更好。

接著，從第二個問題可看出，奶奶喜歡鎮上的客人和孫子，而且意外地「想和年輕人多聊聊天」。由此看來，奶奶很期待和客人及孫子聊天；相反地，對於遠離家鄉去都市展店興趣缺缺。

第三個問題用來確認奶奶有無持續經營的意願，並加上極端假設條件「回到過去」，藉此確認奶奶是否在意年事已高並考慮退休。

從結果來看，奶奶有意繼續經營，但的確開始在意年齡了。

善用假設：
「假如〇〇的話……」
可以使對方袒露真心。

詢問具體實例和反例

「例如什麼？可以給我具體的例子嗎？」

「你確定全部都是這樣嗎？有沒有例外或反例？」

詢問異同之處

「○○和△△差在哪裡？」

「○○和△△的共同之處是？」

詢問辯證的正確性

「你的推論會不會跳太遠？」

「和你剛剛說過的○○有沒有矛盾？」

提問的基本模式

詢問理由和根據

「你怎麼肯定是〇〇呢？」

「真的是〇〇嗎？」

詢問本質和前提

「說起來，〇〇到底是什麼？」

「〇〇成立的前提和條件是？」

詢問其他觀點和其他可能

「假如〇〇的話，你怎麼想？」

「還有沒有其他可能？」

- 「什麼時候要執行〇〇？」
- 「〇〇是指什麼時候？」
- 「〇〇在哪裡？」

→（例）和「時間」、「時機」、「地點」有關的問題。

- 「〇〇大概多少？」

→（例）和「程度」、「頻率」有關的問題。

- 「〇〇由誰來做？」
- 「〇〇是針對什麼？」
- 「〇〇有哪些種類？」

→（例）和「主體」、「對象」、「種類」有關的問題。

- 「〇〇的管道是什麼？」
- 「怎麼做才能讓〇〇變成△△？」

→（例）和「手段」、「過程」有關的問題。

無法分類的跳痛問題

- 「〇〇在無人島（外太空）也能成立嗎？」
- 「小嬰兒／動物也有〇〇嗎？」
- 「如何用聲音（顏色、感情）來形容〇〇呢？」

分組提問的訣竅

已經出現過的問題，
又該如何分組？

- 「為什麼是○○？」
- 「○○真的是△△嗎？」

→（例）和「原因」、「根據」有關的問題。

- 「何謂○○？」
- 「○○是什麼意思？」
- 「○○和△△差在哪裡？」
- 「把○○翻譯成英文（中文）是什麼意思？」
- 「○○的反義詞是什麼？」

→（例）和「定義」、「意思」有關的問題。

- 「○○是好／是壞？」
- 「○○的好處／壞處是？」
- 「評斷○○的標準是什麼呢？」

→（例）和「價值」、「標準」有關的問題。

- 「○○成為△△的條件是什麼呢？」
- 「○○少了△△還能成立嗎？」
- 「○○一定不能缺少△△嗎？」

→（例）和「條件」、「必要性」有關的問題。

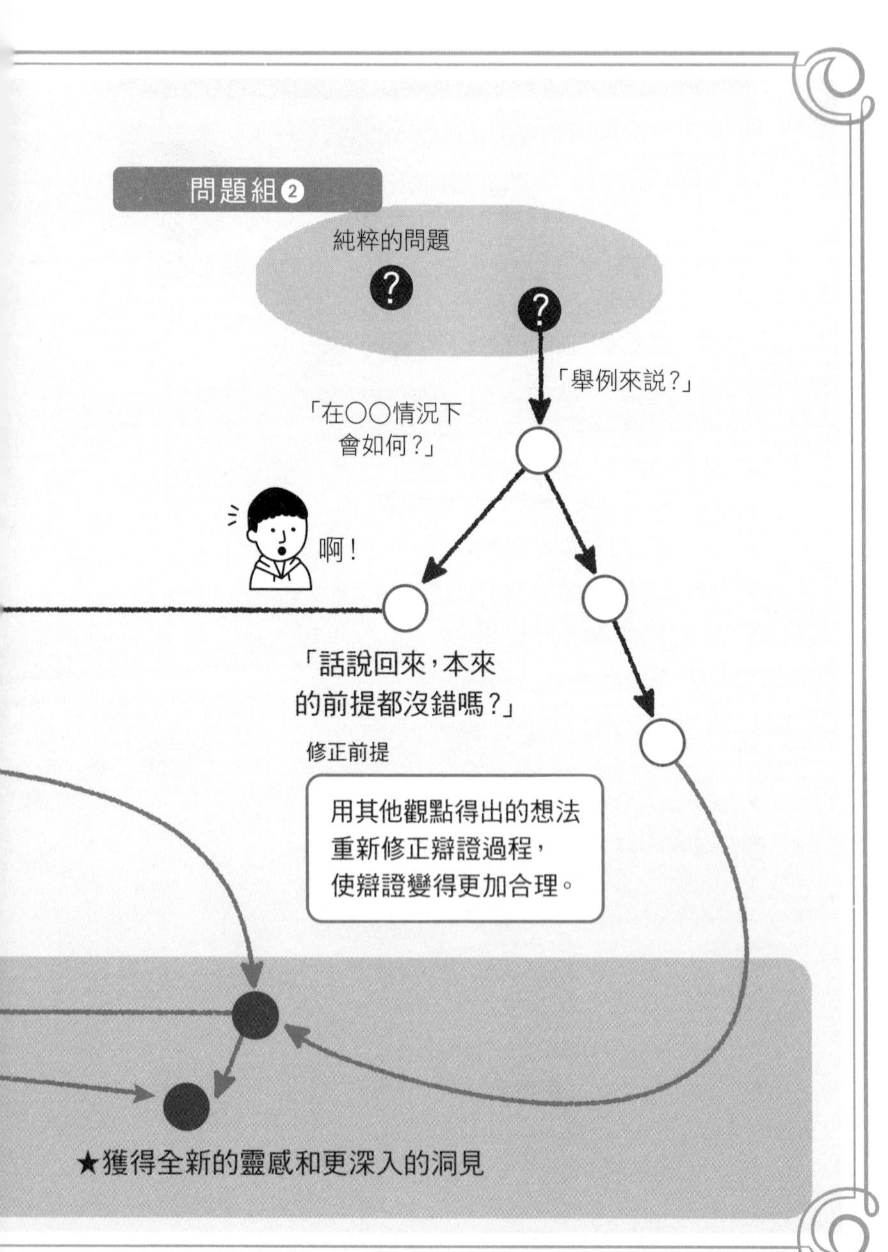
問題組❷
純粹的問題
「舉例來說？」
「在〇〇情況下
會如何？」
啊！
「話說回來，本來
的前提都沒錯嗎？」
修正前提
用其他觀點得出的想法
重新修正辯證過程，
使辯證變得更加合理。
★獲得全新的靈感和更深入的洞見

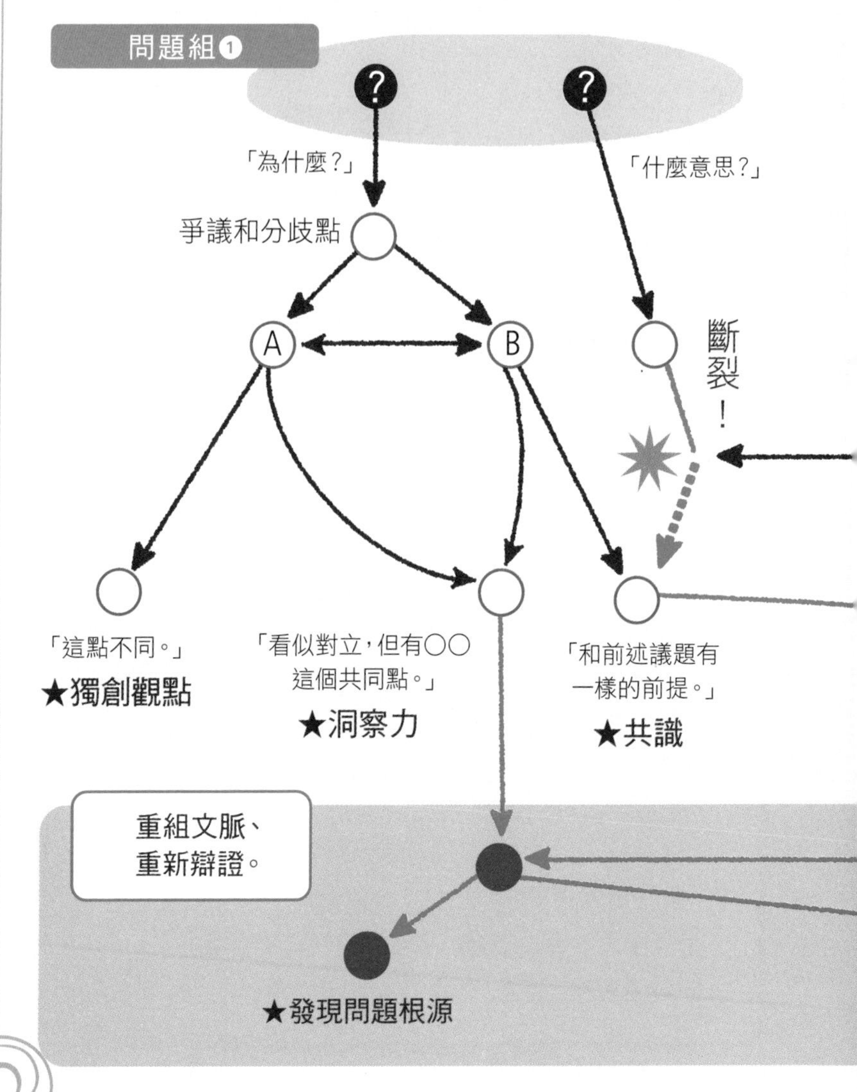
從提問創造革新的原理圖
重新辯證將有意想不到的發現！
問題組❶
「為什麼？」
「什麼意思？」
爭議和分歧點
A
B
斷裂！
「這點不同。」
★獨創觀點
「看似對立，但有〇〇這個共同點。」
★洞察力
「和前述議題有一樣的前提。」
★共識
重組文脈、重新辯證。
★發現問題根源

Ⓓ 推翻前提的問題

「既然完整是一種美，
為什麼廢墟看起來也很美呢？」
➡ 如果能加深討論，不失為一個好問題！
如果變成挑釁，就不妥當！

Ⓔ 富有創造性（generative）／思辨性（speculative）的問題

「要怎麼做才能活出自信，而非隨波逐流地活著呢？」
「如果科技持續進步，女性不需要男性也能生殖，
世界會怎麼樣呢？」
➡ 能突破觀點，帶來新議題的問題。

問題的好與壞，都取決於：

「是否豐富對話內容？」
「是否給人跳脫現實（pragmatic）的感受？」
「是否增廣視野？」
而哲學思考應該以Ⓒ～Ⓔ的提問作為目標。
能跨越假設、看見「新世界」，就成功了！

問題的種類分析

A 有答案的問題

「昨天中午銀座的天氣怎麼樣？」→「下雨。」→結束

「你喜歡貓嗎？」→「是，我喜歡。」→結束

➡ 改變視點就能輕鬆延伸出活潑的對話內容，例如：
「如果變成貓，你想做什麼？」

B 有預設答案、容易被誘導的問題

「為什麼男性上了年紀以後，會對佛像感興趣呢？」

（前提是年長的男性一定喜歡佛像。）

➡ 轉換問題，破除成見，例如：
「喜歡佛像和性別、年齡有關嗎？」

C 看似有答案，其實沒有正確答案的抽象問題

「晴天看起來是什麼顏色？」

➡ 從小覺得天空是紫色的人，
就會把紫色誤認為一般人所說的「藍色」。
因此，即使大家都說「藍色」，
心裡所想的可能是不同顏色。

以此類推，善用不同方法、從不同角度提問，可以幫助回答者想起藏在深層意識的記憶。

當然，這裡只是暫時舉例，並非只能這樣問。提問的模式豐富多元。有些人可能擔心自己無法靈活提問。我特別在一三八～一四五頁列出了提問的主要模式、備用模式，以及從提問創造新發現的實例給各位參考，歡迎運用在同事、客戶、朋友、情人或家人身上。

「假設思考」與「策略思考」的陷阱

來到這個階段，我們已經替本來毫無頭緒的課題一一建立明確的目標。

①奶奶並不只是單純希望ＱＱ櫻餅賣得好而已。
②奶奶希望鎮上的客人和勘太常來店裡玩，也想多跟年輕人聊天。
③奶奶希望店鋪能維持下去，但她已經無法搬運重物了。

④ 如果有機會，奶奶也想裝修店面；換句話說，奶奶並沒有拘泥店鋪一定要維持現有形式。

把奶奶回答的問題整理一輪之後，真正該解決的問題也浮上檯面。

A 其中必須解決的課題，就是不讓奶奶的店鋪倒閉。

同時：

B 讓老客人回流也是必須解決的課題。

但是：

C 無須拘泥於QQ櫻餅的銷量，店鋪形式也可以更改。

換句話說，只要能解決A、B課題，想推出新商品和新服務都不是問題。

一般多半認為光是問問題，並無助於解決問題；事實上，透過反覆提問辯證、深入問題核心，有助於找到解決問題的入口。

反覆提問不但能拓展可能性，還能如同構成生命一般，建立有機的辯證思維，緊扣議題，依序解決問題。

加深辯證、明確設立課題，可以幫助我們知道自己應該做什麼（以及不該做什麼），是相當重要的一件事。

如果勘太擅自認定「奶奶一定希望生意大賣！」，沒做評估就擅自行動，很可能招致反效果，讓奶奶傷心。

事實上，類似的問題在日本比比皆是。

業績急速成長卻累壞了員工，導致員工心生不滿，進而對顧客產生「拜託不要再來了，我想早點下班」、「快點離開」等負面想法，這些對公司都不是好事。

我的顧問公司也接到企業諮詢，想了解如何改善這些問題。

以本書為例，當勘太逐漸明白自己想要（必須）解決哪些課題；同時也逐漸明白奶奶想要（必須）解決哪些課題。

制定課題有助於建構願景、創造目標，不但能藉此了解自己想要（應該）做什麼，也可有效地加強組織向心力。

市場調查固然重要，但千萬別忘了確認當事者的心意，這才是最重要的。

截至目前為止，我們只完成了奶奶這邊的課題規劃。想要徹底解決問題，又該怎麼做呢？接下來得處理剩下的兩個課題：

◎該怎麼做才能讓從前常和奶奶聊天的小鎮顧客回流呢？

◎除了提升業績，我們還能用什麼方法維持店鋪經營？

想要解決這兩個課題，就得實際詢問舊雨新知的意見才行。上一章曾提出以下兩點「質疑」：

「那些老主顧真的去了新開的和菓子店嗎？」

「年輕人（尤其是男孩子）為什麼不來呢？」

話雖如此，總不能真的衝著沒來的老客人問：「怎麼那麼久沒來捧場？」這樣會使受訪者感到壓力，並在顧慮當事者的情況下說出違心之論：「沒有啦，只是最近比較忙……等我忙完就去！」

因此，在多數情形下，運用哲學思考做市場調查的時候，務必隱藏企劃的目的與企業名稱，請預定受訪者到場集合。

除此之外，沒頭沒腦跑去問不曾光顧的朋友：「怎麼從來沒看你來捧場過啊？」也過於突兀，也許對方壓根沒想過這個問題。

「沒有原因」是很常見的原因，並不奇怪。

基於以上考量，**哲學思考不會使用一問一答的方式，對受訪者進行事先準備好的問答。**

哲學思考不制定問答策略（＝假設），一般常見的「想要確認P，就先準備Q

問題」、「問了X問題之後，可能會得到Y或Z答案，這時要確認W」等策略戰，哲學思考一概不做。

我們反而要請所有預定受訪者一同思考、一起回答更籠統的命題：「你認為客人願意走進（奶奶的）和菓子店的原因是什麼呢？不願意的原因又是什麼？」

這個時候，這些最了解「消費者為何願意上門」的顧客，定位類似於「知識家」、「專家」，只是他們不見得知道答案，不見得能對答如流。

這樣沒什麼不好。正因為不了解，才需要大夥兒一起深入思考。

回到書中進度，勘太的母親已經火速把大夥兒找來囉！

「靈光一閃」孕育法則

「今天找大家來，主要是想集思廣益，一起為我奶奶的和菓子店未來的經營方向出主意。

Column 03

設計「多人場地」

「設計場地」是哲學思考相當重要的環節。

請選擇適合談天說地、放鬆聊天的空間作為活動場地。和嚴肅的會議室相比，咖啡廳和交誼廳絕對比較好。如左頁所示，眾人圍坐進行談話，因此，請盡量選擇能自由擺放桌椅的場地。由於桌子會讓部分參加者感到隔閡，如果可以，盡量不擺。

參加者也需要精心挑選。人數八～十人剛剛好。低於目標人數有可能不熱絡；高於目標人數怕分散焦點，使活動難以進行。在熟悉流程之前，不妨先找四～六人做小規模的排演練習。正式開始前，記得先安排小型團康活動，介紹彼此認識，藉此放鬆氣氛。

有助於解決課題的成員一定要邀請（擁有專門知識的人、調查對象等）；除此之外，也要適度穿插幾位與計畫無直接關聯的人一起參加。如果只和同部門或類似風格的人對話，突破觀點的可能性也會降低。請多方邀請不同領域、年齡層、部門的人一同參加吧。

如果要做市場調查，記得隱瞞講座目的和主辦單位是誰。參加者一旦意識到活動目的和主辦企業，很可能不敢說出真心話。

儘管無法做到百分之百消除成見，也不要忘記妥善安排場地人員，使講座發揮最大效益。

先從小的組別開始。
彼此之間不要隔太開。

但我不是要大家提供意見或是回答問題，首先，請各位針對『**和菓子店**』這個主題，思考適合的『**問題**』，什麼都可以。

把第一時間想到的事情變成問句就行了。如此一來，各位會聯想到哪些『問題』呢？

哪怕是**日常生活中的小小疑惑**，或是**天馬行空的問題**，都歡迎告訴我！」

全員「嗯，我想想……」

「只要是甜食，我通通都愛，但有時就是會突然特別想吃和菓子。所以啊，我從之前就在想，人會在什麼情況下突然想吃和菓子呢？」

「好問題，『人會在什麼情況下突然想吃和菓子呢？』，對吧？其他人怎麼想？」

「我認為和菓子是一種日本文化，所以我想問『什麼叫做和菓子文化？』」

「我也認為和菓子算是一種傳統文化，大概是因為這樣，和菓子店都有一種古老的感覺。我在想，和菓子店是不是常給人一種老舊的印象啊？」

「剛剛那是阿金自己的意見吧？把它改成題目呢？」

「改成題目嗎？我想想……『和菓子是符合現代需求的點心嗎？』，這樣呢？」

「哦，這個問題很有趣。奶奶，妳認為呢？」

「是啊，我自己經營和菓子店，心裡時常想著一個問題：『什麼樣的和菓子店，會令來店的客人笑容滿面呢？』」

如此這般，在會議和講座實踐哲學思考時，請從蒐集「問題」開始，而不是請大家「回答」。

參加會議和講座的時候，每當主持人要求我們「什麼都可以，請針對〇〇提出靈感」，現場不是常有一段尷尬的沉默嗎？

這種時候，成員的腦子裡多半想著這些事：

（這點子已經有人提過了，我要想辦法變出新花樣。）

（我的點子太普通了，還是不要說吧，免得被人家看笑話。）

（反正等一下一定有人提出好點子，隨便開口很丟臉，還是別說話吧。）

任誰忽然收到指令「提出靈感＝交出解決對策」，都會感到退卻吧？

不過，換作是**「從提出疑問開始」，就能一口氣降低難易度。**

此外還有一個重點：**別要求具體答案，例如「要怎麼讓和菓子店的生意變好？」等具有前提暗示的問題最好不要問，改問單純聚焦在「和菓子店」的「籠統主題」就好。**

題目盡可能不預設答案和立場，保持中立價值，如此一來才能消除成見，得

善用提問＝降低發言門檻
＝無法藉由知識量辯贏其他人
＝重置階級關係
＝促進想像力

選題中立＝增加創意靈感

到超乎預期的靈感。

剛開始會有一段沉默思考的時間，但因為任何問題都歡迎，之後不會太顧慮發言。

活動主持人（司儀）不妨多給些反應：「原來如此，這個問題真好！」炒熱氣氛，並鼓勵大家多多發言：「任何天馬行空的問題都可以喔。」此外，簡單複誦問題容易幫助大家跟上，是有效的做法。

但是，在會議和講座上，難免有人滔滔不絕高談闊論自己的想法、拚命展現知識吧？如此一來，活動也會難以進行。

這種時候，只要對他說：「那是你的意見和想法吧？如果把它改成問題呢？」這招在多數時候都能奏效，對方會停下來，謹慎思考後重新發言。因為相信自己總是對的人，往往缺少了自我審視的習慣。

制定遊戲規則「問問題就好，不需要回答」，可有效消除階級關係及成見，創造理性且富創造性的思考環境。

理清雜亂的思路

接下來要「整理問題」。

「剛剛一共列出了四個問題，裡面是不是有些很像？如果把問題大致分類，應該怎麼分呢？」

「好像是耶……仔細一看，我和阿金的問題有點像，好像都和『和菓子的傳統文化氛圍有關』？」

「阿仁叔叔和奶奶的問題，似乎都和『吃和菓子的理由和意義』有關。」

「真的耶！這樣一來，四個問題大致上分成兩組。」

和第一章一樣，如果只是不停發問，腦袋會越來越混亂。尤其是團體活動，蒐集到的問題多又雜，需要重新把問題分門別類才行。

因此，請將相撞和主題雷同的問題挑出來，粗略分成一組。透過分組，不但可以好好整理問題的重點，還能理清思路，從不同角度思考原始題目。

以勘太為例，問題最後被分成兩組；但在實際現場，**分成三組最為理想，且最多不要超過五組**。

組別一　質問和菓子的傳統文化氛圍

組別二　質問吃和菓子的理由和意義

……其他

挑戰「二十分鐘對話」

接下來要決定兩組的優先順序。**這裡沒有正確答案，我們從看似與最終課題**

無關緊要的組別開始思考吧。

一組約討論二十～二十五分鐘。場控也是主持人的重要工作。

用五分鐘蒐集問題，五分鐘整理問題，二十分鐘討論第一組問題，二十分鐘討論第二組問題，最後再用十分鐘做整體回顧……時間分配大致如上，活動六十分鐘左右就能結束。若能安排到九十分鐘或一百二十分鐘，就能增加對話時間，討論更多議題。

「我們先來討論和菓子的『傳統文化氛圍』吧。裡面包含兩個題目，『什麼叫做和菓子文化？』以及『和菓子是符合現代需求的點心嗎？』。請各位踴躍發言，如果有其他問題，歡迎提出來討論。」

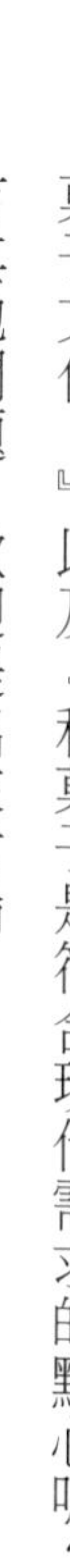

「我不認為和菓子是老舊傳統，現在也有很多卡通造型和現代風格的和菓子啊。」

「說來說去，『傳統文化氛圍』到底是什麼？阿金，你為什麼覺得和菓子是老舊

傳統？」

「嗯……為什麼呢……？大概是因為從古代就有吧？我知道阿仁叔說的那種新的和菓子，但就算是現代藝術風格的和菓子，還是給人『傳統文化』的印象啊。」

「經你一說，的確有那種同時兼顧現代和傳統風格的和菓子呢。我懂你的意思，我也認為現代的和菓子是一種新舊融合的文化。」

「謝謝大家提供不同意見，我來整理一下喔。剛開始的時候，阿金和阿仁叔叔的意見乍看是對立的；不過目前看來，三位都認同現代的和菓子並不等於老舊。媽媽和阿金還特別提到，那是一種新舊融合的結果。阿仁叔叔，你怎麼看？」

「是啊，的確兼顧了現代和傳統兩種風格。但我認為，所謂的『傳統文化』也是現代人才懂得欣賞。也許和菓子不需要過度求新求變？」

「這麼一說，新開的超市裡也有和菓子店，阿仁叔叔，你對此有什麼看法？」

「嗯，我上週才去過。那家店很有名，各大媒體都有報導，風評似乎不錯。」

「那家店會這麼有名，真的是因為現代人想在生活中追求傳統嗎？」

「嗯，好像不一定耶？傳統文化應該是另一種魅力吧。有名是一回事，我想和菓子的優勢應該在於獨創性和原創商品？」

導出真心話的技巧

讀到這裡，許多人應該發現了。

本章運用的方法跟上一章「二人進行哲學思考」時大同小異，只是由勘太整理對話內容，指出「哪裡一樣」、「哪裡不一樣」，再進一步詢問，擴充方向。

基本上，無論單人還是多人場合，哲學思考的流程大致相同；但在多人交換意見的情況下，要做的並非「哲學辯證」，而是更單純的「對話」。和單人思考時一樣，主持人要一邊進行哲學錄像，一邊整理全員的對話，使辯證越來越扎實。在這個過程裡，會產生許多新發現和新觀點。

「之前的客人為什麼跑去新開的和菓子店了？」
「那些人真的去了新開的和菓子店嗎？」

這兩個疑問有可能自然出現在對話當中，也可能剛好沒提到，**這時候，不妨趁著討論相關話題時問問看吧**。

我不建議剛開始討論就開門見山地問，因為，那樣就變成前面說的「誘導性提問」了。

在這個當下，確認阿仁是否真的去了新開的和菓子店，並非目的。問題的重點應該擺在：「為什麼去新開的和菓子店？」因此，**問題前後的**

「文脈（語境）」非常重要。

「為了什麼而去？」這個問題的答案也會隨著文脈產生變化。

「附近開了新的和菓子店，感覺怎麼樣？」這樣的問法看似直接，卻又不明所以。

但是，因為阿仁叔叔已經說了「但我認為，所謂的『傳統文化』也是現代人才懂得欣賞」，在這樣的文脈下問這個問題，還包含了下列語意：

「那麼，對你來說，新開的和菓子店在你現在的生活當中，扮演什麼角色？」

感覺就不那麼尖銳了吧。

沒錯，**問問題很看「當下的情境」**。

若是一見面就劈頭問人：「怎麼這麼久沒來？」

對方當然會回答：「沒有啦，只是最近比較忙……等我忙完就去！」因為，客人早已讀出老闆希望自己多來捧場的情境（＝企圖心）了。

回到書中的例子，當時大家正在討論「傳統文化」的吸引力，**其中有「名氣大」等條件突顯了其他受歡迎的可能原因；不僅如此，接著更發現「傳統文化」的新魅力，進而帶出「獨創性和原創商品」的重要性。**

當然，在現實中，對話可不會進行得如此順利，但只要主持人多鼓勵大家清晰表達論點，並且適時轉移重複打轉的話題，一定能加深見解、突破觀點。

對參加者來說，這只是一場單純的「對話」，因此很可能不小心變得漫無意義。這時候，主持人要盡可能擔任引導角色，使對話內容成為有意義的哲學「辯證」。

真正想問的問題
←
× 劈頭就問
○ 順著話題
不著痕跡地帶進去

一秒改變「視點」

當第一組差不多辯證出一套系統時，我們要轉換視點。這時大家應該已經分別提出意見和疑問，**發言數開始減少，容易岔開話題，這正是改變問題組別的絕佳時機**。

就算沒有上述情形，當討論超過二十五分鐘，最多至三十分鐘時，就應該停下來。因為，**如果只從單一角度思考，難以得到革命性的靈感啟發**。

「和菓子兼具了現代和傳統兩項優點，剛剛更有人提到，獨創性和原創商品也是傳統文化的魅力之一。那麼，說到『吃和菓子的理由和意義』，也就是『人會在什麼情況下突然想吃和菓子呢？』以及『什麼樣的和菓子店會令來店的客人笑容滿面呢？』這兩個問題，各位有什麼想法？」

「我之前從沒認真想過『和菓子』的問題，回想起來，不曾有過『突然想吃和菓

子』的念頭……」

「不會吧！你不會想吃和菓子嗎？為什麼？」

「我覺得和菓子更像藝術品啊，看起來很漂亮，不會特別想吃耶。不過，如果可以自創和菓子，我覺得很好玩！」

「看來兩位都認同和菓子的獨有價值，只是阿金覺得和菓子更像藝術品，不是平時會吃的食物。」

「是啊，女孩子最喜歡買漂亮可愛的小東西了。和她們聊起和菓子，總是特別愉快。」

「剛剛我們還提到了名氣問題，也有人會衝著外觀漂亮或獨創性而買。除此之外，

還有其他購買動機嗎？」

「我想價值感也很重要吧？例如季節限定商品或限量商品，會突然給人一種價值爆增的感覺……」

把構想一股腦地寫下來

勘太趁著大家討論的空檔，一邊記錄至今為止的辯證重點。這麼做不但可以統整所有人的對話內容，也能理清自己的思路，是非常重要的工作。

幫忙指出重點，能消除部分成員「擔心自己跟不上」的緊張，使他們能夠輕鬆自在地繼續發言。

當要開始討論下一組問題時，也請記得回顧議題重點，重新把大家提過的問題唸一遍，所以主持人一定要一邊聆聽，一邊做筆記——製作「哲學錄像」。

後半段的對話也一樣，勘太指出阿仁和阿金之間的意見有何異同，並重新提及稍早提過的「名氣問題」，這些都得仰賴寫滿重點的筆記（哲學錄像）才能做到（第二章的辯證流程哲學錄像圖，請參考一七二、一七三頁的範例）。

平時開會、和客戶討論問題時，我們不能光是發呆聆聽，一定要把重要的關鍵字寫下來，記下不確定的部分和有待討論的爭議點，利用哲學錄像整理談話內容。

事實上，筆者本身就是個筆記狂人，辦講座時當然不用說，就連平時開會討論時也會不停做筆記。不要「光聽」，**一定要做筆記，「構思辯證流程」**。

如此一來，就能趁著幫大家做重點整理的時候，進一步詢問想知道的內容，或是強化特定議題了。

附帶一提，**上述對話技巧叫做「構想術」**。

「**A和B都是實際發生的情形，但是和C部分衝突**。請問各位對C有什麼看法？」

「**你剛剛提到了X和Y，所以得到了Z結論**。既然這樣，要不要試試W方案呢？」

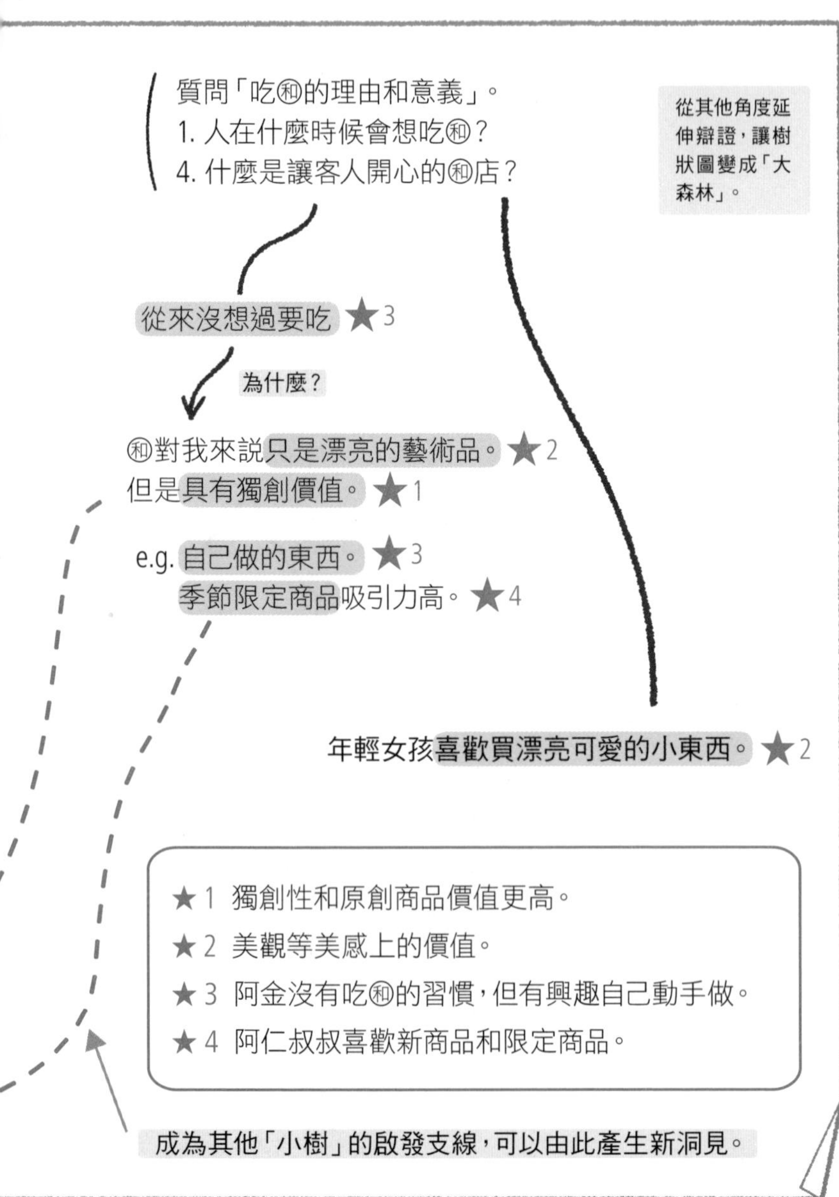
質問「吃㊗的理由和意義」。
1. 人在什麼時候會想吃㊗？
4. 什麼是讓客人開心的㊗店？
從其他角度延伸辯證，讓樹狀圖變成「大森林」。
從來沒想過要吃 ★3
為什麼？
㊗對我來説只是漂亮的藝術品。★2
但是具有獨創價值。★1
e.g. 自己做的東西。★3
季節限定商品吸引力高。★4
年輕女孩喜歡買漂亮可愛的小東西。★2
★1 獨創性和原創商品價值更高。
★2 美觀等美感上的價值。
★3 阿金沒有吃㊗的習慣，但有興趣自己動手做。
★4 阿仁叔叔喜歡新商品和限定商品。
成為其他「小樹」的啟發支線，可以由此產生新洞見。

「哲學錄像」這樣寫（從其他視角）

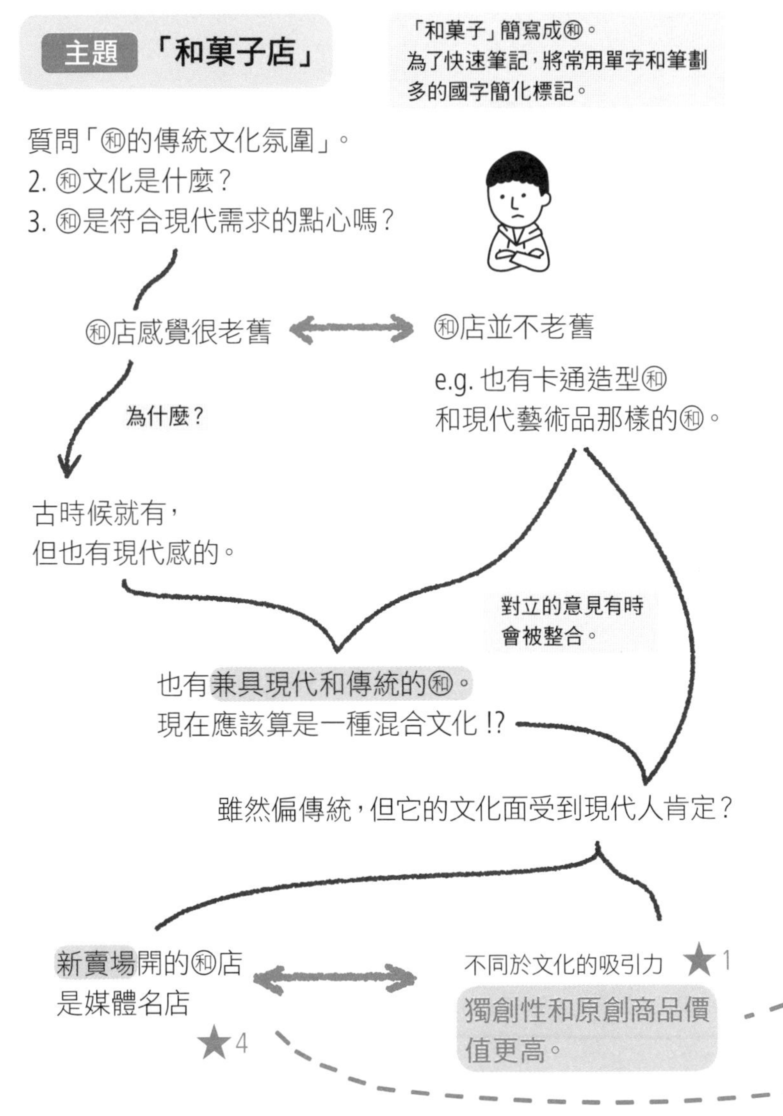

主題 「和菓子店」
「和菓子」簡寫成㊗。
為了快速筆記，將常用單字和筆劃
多的國字簡化標記。
質問「㊗的傳統文化氛圍」。
2. ㊗文化是什麼？
3. ㊗是符合現代需求的點心嗎？
㊗店感覺很老舊
㊗店並不老舊
e.g. 也有卡通造型㊗
和現代藝術品那樣的㊗。
為什麼？
古時候就有，
但也有現代感的。
對立的意見有時
會被整合。
也有兼具現代和傳統的㊗。
現在應該算是一種混合文化 !?
雖然偏傳統，但它的文化面受到現代人肯定？
新賣場開的㊗店
是媒體名店
★4
不同於文化的吸引力 ★1
獨創性和原創商品價
值更高。

毫無脈絡地丟出自己的問題和想法，只會讓對方覺得「那是你自己的主張吧」，無法取信於人；但只要參照前兩個例句，**把對方說過的話整理一遍，換個說法傳達自己的主張，就能大幅提升話語的說服力（力量）**。

想要讓自己說的話具有說服力，就要先將對方說過的話前後一致地整理一遍。

對方若是沒把話說清楚，就如同那些似是而非的假科學，不管說得再多，都是逃避責任。

我們要做的不是想到就問、聽到就說，而是循序漸進地構思辯證流程（建立合理的談話內容），這就是哲學思考的精髓所在。

新發現誕生的一刻

我們來瞧瞧由勘太主持的這場對談，經過多人深入討論後，如何循序解決實際上遇到的問題。

「謝謝大家今天來參加活動。我們利用最後的時間，回顧一下今天聊了哪些議題吧。請各位跟我一同回想，這次一共找到哪些新觀念和新發現呢？如果回答不出來，提出新問題也行喔。

首先，我們針對主題『和菓子店』提出了四個問題，然後把它分成兩組，分別是：

一、質問『和菓子的傳統文化氛圍』。

二、質問『吃和菓子的理由和意義』。

我們先聊到『和菓子的傳統文化氛圍』，接著討論了『什麼是和菓子文化？』以及『和菓子是符合現代需求的點心嗎？』

舉例來說，和菓子感覺很傳統，但有人提到，現在推出不少具有現代感的和菓子。此外也有人說，傳統文化在現代人的生活當中，具有一定程度的吸引力。

可是，這裡也有一個問題：『什麼叫做吸引力？』

有人提到『名氣大』是一項原因，也有人提到『傳統文化的魅力』，此外還有『女孩子喜歡漂亮可愛的小東西』等不同因素。

接著我們發現，其他地方沒有的獨創性和原創商品價值更高，這樣對嗎？

重新回顧今天討論的內容之後，各位有什麼想法？

請告訴我你的新發現或是新問題。」

「我一直以為和菓子只有老人家在吃，所以從來沒想過要去買來吃。現在我終於知道，原來它是一種外觀很漂亮的小點心，連我們班上的小女生也會喜歡。」

「之前我只想到吃，現在才發現，真正吸引我的是限量商品和新鮮感。人為何總是容易被限量商品和新玩意誘惑呢？」

「供人填飽口腹並非和菓子的全部目的。我之前就發現，有些人喜歡原創商品，有些人喜歡欣賞和菓子的模樣，有些人熱愛這種文化精神。聽大家聊過之後，我覺得獲益良多，也更加肯定自己的想法。今天謝謝大家過來。」

對了……！」

到目前為止，勘太善用回顧對話的時機，一面思考活動當中得到什麼新的啟發和收穫，一面自然地詢問大家的感想。

用積極的態度鼓勵大家「一起動腦！」，遠比只是一味聆聽更有效率。在最後的部分，用打氣的方式鼓勵大家重新思考吧。

回顧的時候，不要毫無建設性地問：「今天我們聊了什麼呢？」請**用具體的發言和論點進行回想，協助聆聽者更加深入思考**，因此請善用：「在這個話題，我們分別提到了A意見和B意見……」等句型。

如此一來，就算沒有在討論當下發掘新視點，也能藉由最後回顧的機會，重新看見革命性／逼近核心的關鍵線索或重要問題也說不定。

容我再次強調，發掘線索的最大功臣，就是主持人（故事中的勘太）趁大家討論時同時寫下的筆記（哲學錄像）了。

辯證討論（20分鐘+20分鐘）

在熟悉之前，一次先處理兩組問題就好

「接下來請各位針對〇〇問題，提出更多問題或是自己的見解。
如：在那個當下，你為何如此肯定？〇〇是什麼意思？如果〇〇的話會怎麼樣？舉例來說？也可以彼此互相提問喔。」

- 記下討論內容，在重要觀點和洞見旁邊打上★號。
- 整理對話內容，從其他角度重新回顧。

STEP 4 發現「新觀點和新視野」（10分鐘）

「接下來要回顧今天的討論內容，請大家一同思考我們有了什麼新發現。
不需要回答，可以繼續提問。」

- 一邊提示討論的分歧點和關鍵字。

講座流程（60分鐘版）

STEP 0　準備場地（前置作業）請參考 152 頁

- 座位排成圓圈，參加者之間的距離以不碰到手肘為主。
- 同性別、同性質、發言具有影響力的人，座位要分散。

淡化階級關係，營造容易放鬆發言的氣氛！

STEP 1　蒐集問題（5分鐘）先安排5～6人熱身練習

「今天討論的主題是〇〇，不用回答問題，只要提問就行了。
平時就很在意的問題或是天馬行空的問題都可以。」

務必在各自的腦海裡思考想像！

- 主持人獨自記錄大家提出的問題。
- 不使用白板或便利貼等其他人也能看到的方式！

STEP 2　整理問題（5分鐘）

「接下來把相似的問題分成一組，看看它們關注的主題是什麼吧。」

- 唸出 STEP1 的問題，把相似的放在同一組。
- 從模糊不清的問題開始，循序接近問題核心。

以上就是舉辦講座型哲學思考的全部流程。

考慮到篇幅問題，在此省略，但一般來說，還會邀請阿仁或阿金以外的調查對象參加活動，聽取他們的意見。因為，阿仁和阿金的意見可能只是例外，無法代表多數人的意見。

就算人數增加，用的還是一樣的方法；只是當人數越多，意見也會更加紛雜，進行的難度也會提高。

如果是在組織內舉辦，一次八～十人最為理想；但在正式舉辦前，建議先找自己隊上的四～六人熱身練習。

如果想深入探討更多議題面向，可以多辦幾次。

第一次舉辦時討論不足的主題，如「和菓子文化」等，可以趁下次舉辦時特別拿出來討論，藉此深入了解議題，發現更多新可能。

舉例來說，設定類似「和菓子vs.小西點」等主題，比較兩者間的差異，發掘和菓子不同於西方點心的重要特質，或是客人只買西點、不買和菓子的原因等。

哲學思考能探討人類的本性，所以也適合用來討論「為何〇〇的人不選△△，而選了□□呢？」等「決策」問題，或是「明明不能吃〇〇，為什麼還是不小心吃了呢？」等問題。

附帶一提，後者屬於「意志薄弱（無自制能力）」問題，自從亞里斯多德提出之後，就是西方哲學史重要的命題。

如同本章所示，哲學思考也是一種新的市場調查手法，能發掘解決問題的線索（洞見）和靈感。

把構想化作實體

回到書中的內容，奶奶聽了大家的想法之後，好像想到什麼好主意。

「對策會議」結束後，過了幾個星期，勘太去奶奶的店裡玩時，發現店內變得鬧哄哄，客人甚至多到滿出來。究竟發生了什麼事？

「……發生什麼事了？好多人擠在這裡。奶奶，我來找妳玩了！今天怎麼這麼熱鬧?」

「小勘啊，歡迎!奶奶今天可忙壞了，你能幫忙嗎?上次聽了大家分享之後，我決定試辦和菓子歷史小講堂和自己動手做小教室，結果居然這麼踴躍……」

「哇，可以自由搭配喜歡的外型和餡料嗎?聽起來真有趣!阿仁叔叔和小竹婆婆也來了。」

「是呀。聽到可以自創和菓子，阿仁馬上幹勁十足。奶奶也和小竹婆婆還有許多年輕人講到很多話，很開心呢。」

「大家看起來也很高興。喂，阿金!」

「先別叫他，怕他分心。他正在做要送給女朋友的和菓子。阿金說他自己不想吃，但可以做給別人吃。」

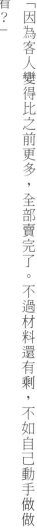

「阿金真是貼心男友。對了，奶奶，我肚子餓了，給我ＱＱ櫻餅！」

「哎，抱歉啊，小勘，今天沒有ＱＱ櫻餅。」

「沒有ＱＱ櫻餅？為什麼？」

「因為客人變得比之前更多，全部賣完了。不過材料還有剩，不如自己動手做做看？」

第二章 重點整理

- 策劃目標，打造團隊共有的核心價值：「**為什麼這樣做**？**什麼應該做**？/**什麼不該做**？**(目的和意義)**」。
- 「耐心等待」說話者**自己開口**，才能導出真心話。
- 除了問：「為什麼？」也試試從其他角度（模式）提問。
- 結論只有一個嗎？問問**其他可能和候補選項**。
- 避開意圖尋求「答案」的問題！
- 除了傾聽，也幫忙擴充討論內容。

畫出超越想像的「未來願景」

如何發掘「創意種子」，使之茁壯

小太郎與企鵝海岸

在第一章和第二章，我們已經學會哲學思考的基本技巧。第三章終於來到實踐篇。

這次，請各位讀者也把自己當成參加者，一起思考吧。

＊　＊　＊

故事場景搬到小鎮郊外的海洋生物館。

這裡的工作人員每天忙著接待客人、管理園區、照顧動物……簡直忙得不可開交。傷腦筋的是，現在要開始準備明年的主題展了。

可是，咦……？怎麼有個傢伙從剛剛就站在玻璃前發呆呢？

「小太郎又在玻璃前發呆了。喂！小太郎！喂！」

「啊，是！怎麼了？」

「你還好意思問？上次說的企劃案做得怎麼樣了？」

「企劃案……？哪個企劃案？」

「你又忘了！大洋洲區的全新主題展啊！我很早以前就拜託你了。」

「哦～那個啊！當然是……還沒開始弄。」

「我就知道……真田，你來一下！小太郎說他還沒開始準備，你用哲學思考幫他想想新企劃，下星期在會議上提出，知道嗎？」

糟了，看來小太郎完全忘記主管交辦的展覽企劃了。

明年即將到來，海洋生物館要盡快構思有趣的企劃，吸引遊客前來參觀。主管千代見到準備進度落後，心裡感到很焦急。

資深員工真田收到命令，找來各部門員工，在館內的咖啡廳集合，開會討論對策。

「我需要熟悉大洋洲的人幫忙，所以一定要找洋介來參加。然後也想聽聽女性的意見，所以要邀請奈奈來。除此之外，也想多聽聽其他區域負責人的想法……找北極區的小川吧。對了，我很需要客人的意見，不如邀請〇〇（你）來參加！」

登場人物
小太郎
真田前輩
千代
洋介
奈奈
小川
你

第3課

「如何創辦新事業？」

哲學思考可以用在這些時候！

- ▼發展新事業、需要制定核心理念時，讓所有成員信服、同心前進（規劃願景、創造目標）。
- ▼發揮每個成員的最大優點，同時整合團隊（組織開發、團隊打造）。
- ▼開創意想不到的新視點（創意工作）。

如何強化「模糊的靈感」

「小太郎，你又在看企鵝啦？」

「嗯，是啊，對不起……」

「算了，沒關係啦。我把大家都叫來了，我們一起集思廣益吧。千代說，這次的展覽主題是『海洋生物的雀躍夏天！』。不用回答，請針對關鍵字『雀躍』提出問題。不管是平時在意的問題，還是天馬行空的問題，通通歡迎！」

全員「嗯……」

「說來說去，雀躍到底是什麼？」

「原來如此，雀躍的定義啊……其他人呢？」

「人在什麼時候會感到雀躍呢？」

「我好奇的是，到底在什麼時候比較雀躍啊？參觀前？還是參觀時？」

「雀躍和緊張的差異是？」

（好，請讀者思考第一個問題，把疑問寫在空白對話框裡！）

「　　　　　？」

「好問題，我之前都沒想過！現在一共蒐集到五個問題，還有人能再多提一個問題嗎？」

「我！我想知道，動物和魚也會感到雀躍嗎？」

「呃……好，不按牌理出牌是你的優點……。接下來要將六個問題按照主題分類。我把大家提出的問題重新唸一遍，請幫我思考哪些很像，或是討論的主題重複了。

一、『雀躍到底是什麼？』

二、『人會在什麼時候感到雀躍呢？』

三、『來海洋生物館前和來到現場之後，哪邊比較雀躍呢？』

四、『雀躍和緊張的差異是？』

五、『（你提的問題）』

六、『動物和魚也會感到雀躍嗎？』

裡面有問題重複嗎？」

「二和三看起來有關，都是問雀躍的『時機』。」

「一和四好像都是在問雀躍的『定義和意思』？」

「我不太懂小太郎的問題，這是在問雀躍的『主角』嗎？還是『對象』？小太郎，可以請你舉例嗎？」

「好啊，比方說，我拿飼料去餵海豹時，海豹的鼻子會抖動。我很好奇，動物和魚也會感到雀躍嗎？」

「我懂了，那是指『誰』會做出雀躍的反應吧？所以是問『主角』沒錯。剩下來的第五個問題呢？如果無法分類到已有的組別，新開一組也可以喔。」

「這個嘛……我認為（你提出的問題）和（　　　　　　）有關。」

好的，各位讀者針對海洋生物館的展覽，提出「雀躍」的相關問題了嗎？把問題都分好類了嗎？

看上去似乎很簡單，實際演練一遍，是否覺得動用到平時很少用的腦部區域呢？

我們從小被要求回答問題、提出意見，卻很少有機會能自主「提問」。

實際上，「提問」比想像中用腦，必須深思主題才能做到。

參加講座時，如果被問到「還有沒有其他問題？」，會發現如果之前沒有仔細聽講，就無法產生問題。本章也是，我們必須先在腦中想像「雀躍」的形式，才能想出問題吧？

為何不用那些「便利道具」？

讀者中應該有不少商業人士對某件事抱持疑惑：

「提問的時候，為什麼不用白板或便利貼寫下來呢？」

將有關「雀躍」的問題分組

主題 「雀躍」

1. 雀躍到底是什麼？
2. 人會在什麼時候感到雀躍呢？
3. 來海洋生物館前和來到現場之後，哪邊比較雀躍呢？
4. 雀躍和緊張的差異是？
5. （你提的問題）？
6. 動物和魚也會感到雀躍嗎？

Ⓐ（2、3） Ⓑ（1～4） Ⓓ（5） Ⓒ（6）

寫法完全自由。
只要自己（主持人）看得懂，愛怎麼畫線都行。

Ⓐ 有關雀躍的「時間」。
Ⓑ 有關雀躍的「定義和意思」。
Ⓒ 有關雀躍的「主角」。
Ⓓ 有關雀躍的「○○」。

難以歸類的話就獨立列一條。

但是，哲學思考**不需要**這些輔助道具。

許多人習慣在開會的時候，在白板畫下十字，用四象限做分析講解，或是利用圖表做整理。但在哲學思考的領域，盡可能不這麼做。

為什麼？

因為，一旦使用象限和圖表分析整理，容易將議題抽象化或單純化，使參加者思考同一件事。

在需要大家思考同一件事情時，思考單一化是相當有效的做法；相對的，**也會造成思考僵化，使潛在的創意種子枯竭**。

除非某個概念實在難以用言語描述，才用白板做圖像式說明。不過，這也只是把白板當作表達的道具，而不是把討論內容整理上去。

那麼，可以把問題寫在白板上，或用便條紙貼出來嗎？

好問題，考慮到哲學思考的流程，這麼做確實很方便。如果問題只有六個，當然光聽就能理解；倘若實際上問題多達十幾個，有些人應該會感到吃力吧。

多人辯證討論時，不要使用白板或便利貼。

不寫出來才能加深思考能力

事實上也有人會貼心詢問：「我來幫忙整理到白板上吧？」

但這並非哲學思考的進行規則，請婉拒對方的幫忙。原因如下：

一來，**人一旦把腦中的概念化成文字就會鬆懈，懶得自己動腦記憶**。如此一來，好不容易把問題當成「自己的事」，就會變成「別人的事」而顯得無關緊要。

只要增加這條規定「請參加者不要做筆記」，有些人就會向前傾身、專心聆聽主持人說話；有些人會盤起手臂、閉上眼睛專注思考。

中間安插整理問題的步驟，用意是讓人專心傾聽自己及外部的聲音，培養深度內省的思維習慣。

二來是因為，給予超過記憶能負載的資訊量，人自然會**各自取捨**自己在意的部分。

近代德國（普魯士）哲學家康德，提出把觀看事物的角度一百八十度大轉變的「哥白尼式革命」思考法，認為「人類身為理性存在者，透過感性容納多樣化的資訊，藉由悟性進行分類判斷」。

這是在說，**事物不是由人的認知所構成，而是隨人的認知形塑成「為什麼某樣東西是某個樣子」**。

正常來說，人無法完全消化視覺、聽覺接收到的所有資訊。因此，我們會排除無關緊要的資訊，選擇自己認為重要的部分予以接收。換句話說，給予大量資訊，較能對比出「個人重要的命題」，使人從重要度高的資訊進行取捨。

如此一來，即使全員同時討論同一個議題，關注的問題和想像的情境也不盡相同。

哲學思考希望保留多樣性，並且好好地運用它。

一開始在蒐集問題的階段也是相同道理，要是用了便利貼，就不叫「提問、說話」，而是「讀、寫」了。

STEP 1（詳見四十六頁）除了蒐集問題以外，另一層用意也是訓練大家當個聆聽者。

不僅如此，也許有些人一時之間想不出問題，但在聽了別人的問題之後受到啟發，驚覺「啊，原來可以這樣問！」進而找出自己的命題。多人一起蒐集問題，具有激發創意靈感的作用。

無須一再重複強調便利貼上的重點，也省去了全員共享內容的時間，使參加者之間直接透過表情、動作進行互動，實際共享的資訊量遠超過了照本宣科。

只有主持人（本章為真田前輩）需要如一九五頁所示範的一邊做筆記，在需要的時候重複唸出問題，除此之外，其他參加者是看不到筆記的。STEP 3（六十四、八十七頁）和STEP 4（九十七頁）也是同樣原理。

善用類推，無限串聯思考

「好，有關『雀躍』這個主題，我們目前已蒐集到六個問題，分別與『雀躍』的『時間』、『定義和意思』、『主角』、『○○』有關。

從哪一組開始討論？

嗯……就從『雀躍』的『時間』開始吧。

說到『人會在什麼時候感到雀躍呢？』、『來海洋生物館前和來到現場之後，哪邊比較雀躍呢？』這兩個問題，各位有沒有任何想法或新的疑問要提出呢？」

「和海洋生物館無關吧？人在出遊前一天雀躍不已，應該是面對開心的未來會產生的自然反應。」

「沒錯，『雀躍』不會用來形容過去發生的事。」

「也不會用來形容絕望的場景。因為對未來有所期待，所以才會感到雀躍吧。」

「看來三位一致認同『雀躍』不會用在過去，而是用來形容未來。那麼，**如果是現在呢？各位會因為期待現在這個當下而感到雀躍嗎？**」

「在現場觀賞海豚表演也會雀躍或是心情飛揚啊！既然這樣，雀躍應該也可以用來

指當下吧？」

「的確不是只有『期待未來』，光是和男友在一起就很雀躍了。不過，這叫做『期待當下』嗎？」

「嗯……『期待當下』好像怪怪的。當下雀躍是一回事，但不見得期待啊。我想期待和雀躍之間應該沒有絕對關聯。」

「〇〇（你），你怎麼想？」

「　　　　」

讀到這裡，有些讀者應該會想：「討論方向怎麼亂七八糟？」開會研討企劃案，竟然有人「不識時務」地聊起自己的男朋友。

我時常收到哲學思考的初次參加者，在活動結束之後回饋感想「進行時捏了好幾把冷汗」。

在強調解決問題的商務現場，員工多半被要求思考如何解決問題，因此，若開會話題稍微偏離中心，就會感到焦慮不已。

但是，如同我在前一章的說明，事先決定好目標、候補選項的開會方式，會把思考和對話限制在框架內。

另一方面，哲學思考致力於從提問階段便打破框架，延伸思考的可能。

即使有人在討論中聊起私事，只要話題仍未偏離「雀躍」主題就沒問題。

日本有一種常見的猜謎格式：「上聯是A，下聯是B，他們的共通點是？都是C。」

謎語的設計法很簡單，把C設為共通點，用A、B兩個類比詞（類推）連起來。

如此一來，本來毫無相關的兩樣東西，就能用C作為媒介連起來，產生意外的效果。

以本章為例，主題「雀躍」就發揮了C的作用。

A「海洋生物館的海豚秀」，B「和男友約會」，兩者都用「雀躍」當作媒介，做類比串聯。

只要不是完全離題，哲學思考一律歡迎小小的岔題、說話不懂得察言觀色，甚至異想天開的發言。

這些往往會成為「隱藏支線」，在後面發揮意想不到的功效。

直觀但無用的「自由思辨」，正是哲學思考的重要價值。

從容易舉實例的構想開始

回到書中的課題，分完組後，真田前輩決定從「時間」問題開始思考。

既然企劃主題要從「雀躍」出發，不是應該直接確認「雀躍的定義」比較快嗎？沒錯，但別忘了前面提過的哲學思考要訣：欲速則不達！我們要從看似離問題最遙遠的組別開始問，藉此思考之前從未想過的角度。

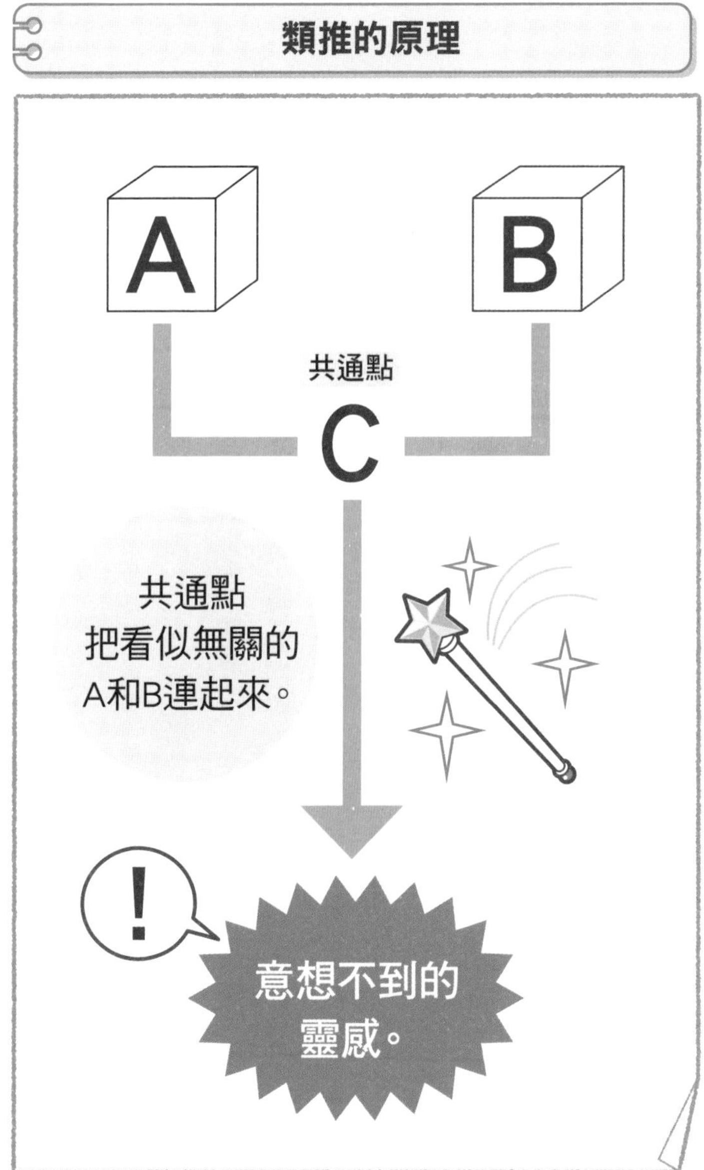
類推的原理
A
B
共通點
C
共通點
把看似無關的
A和B連起來。
!
意想不到的
靈感。

「何謂〇〇？」、「〇〇是什麼意思？」這類問題，雖然是探討事物「本質」的基本句型，往往也是最難回答的。

例如問「這是什麼顏色？」而對方回答「藍色」的情形下，倘若藍色的周圍是亮橘色或深靛青色，顏色的鮮豔程度也會不一，有時會呈現出完全不同的色彩。

換言之，**「這是〇〇」等定義本質的問題，會隨著問題周邊的背景、脈絡等外部因素產生變化**。

因此，決定討論順序時，反而應該把這類問題放到最後面。

除此之外，哲學（或美學）裡還有諸如「什麼是美」等尋求真正本質的問題；然而，專門應用在商業領域的「哲學THINKING」尋求的問題核心，往往取決於企劃的目的。

以市場調查為例，企劃的最終目的不是了解「什麼是美」，而是「消費者變美的動機是什麼？」、「消費者會在什麼時候購買美妝保養品？」。

另一方面，在打造概念和創意工作領域，遇到「什麼是美」這類看似沒有固定答案的問題，通常會一邊整合全員的意見，一邊慢慢壯大獨創的概念靈感。

即便如此，「何謂〇〇」仍屬抽象問題，討論起來容易失焦，建議先從**能輕鬆舉例的「時間」、「地點」、「條件」組別著手**。

只是，光是整合意見還不夠，所以真田前輩也使用「各位會因為期待現在這個當下而感到雀躍嗎？」的提問法來切換論點。

當眾人一致同意「雀躍用來形容未來，非過去式」的時候，**主持人更要指出過程中可能存在的「其他可能」和「分歧點」**。

在整合與擴充的反覆過程裡，概念與靈感也會活潑成長。

「感謝各位踴躍發表意見，我們目前獲得許多方向。我先整理一下。首先，各位一致認同『雀躍』用於未來而非過去。接著，我進一步詢問『如果是現在呢？』，有人回答『看海豚表演』、『和男友在一起時』也會感到雀躍，因此，『雀躍』一詞也能對應到『現在進行式』。

只是，我們不會說『期待現在』。由此可見，我們原先以為『雀躍』含有期待的意思，但期待並非『雀躍』的必要本質。

那麼，我們不如來討論『雀躍』的『定義和意思』吧。之前提到『雀躍到底是什麼？』、『雀躍和緊張的差異是？』這兩個問題，各位還有什麼想法或問題要提出嗎？」

「我認為『雀躍』比較像『有明確的對象』，譬如對某件事感到雀躍；『緊張』的對象沒那麼具體。不過，兩個詞都有躍動感。」

「意思不太一樣吧，對未來忐忑不安時也會『緊張』啊。」

「那『雀躍』呢？」

「至少可以確定『雀躍』沒有不好的意思。沒有不好的意思應該是『雀躍』的條件吧？」

多加擴充對話內容

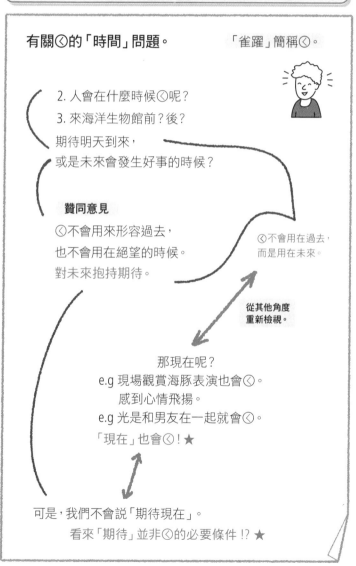

有關⧀的「時間」問題。

「雀躍」簡稱⧀。

2. 人會在什麼時候⧀呢？

3. 來海洋生物館前？後？

期待明天到來，
或是未來會發生好事的時候？

贊同意見

⧀不會用來形容過去，
也不會用在絕望的時候。
對未來抱持期待。

⧀不會用在過去，
而是用在未來。

從其他角度重新檢視。

那現在呢？
e.g 現場觀賞海豚表演也會⧀。
感到心情飛揚。
e.g 光是和男友在一起就會⧀。
「現在」也會⧀！★

可是，我們不會説「期待現在」。
看來「期待」並非⧀的必要條件!? ★

「的確，剛和男友交往、感情還不是那麼穩定時，我常常會緊張。雀躍不一樣，只會用在值得信賴的關係上。也許剛剛說的『因為當下而雀躍』就是一種『值得信賴的雀躍感』吧！」

「如果海豚表演可能失敗，的確不是雀躍，而是緊張呢。看樣子，使人放心似乎是雀躍的必要條件。」

「『期待現在的男朋友』聽起來怪怪的，但若換成『信賴現在的男朋友』就不奇怪了。也許『期待未來』也是一種『放心等待快樂的事和好事發生』的狀態吧。只要有一點點不放心，當然就雀躍不起來啦！」

「既然這樣，我們做『令人雀躍的企劃』時，要盡可能排除風險。對了，之前也有人提到『心情飛揚』和『躍動感』，看樣子『觸動人心』是必要條件。」

讀到這裡，各位讀者應該明白真田前輩的用意了。在開頭的部分，他先進行內容回顧。

接著由於話題帶到「雀躍」的本質，他便將討論焦點改成「定義和意思」。

本節的重點為：**藉由改變問題組別，從不同視角重新審視目前為止的辯證內容，使人轉換思考方向。**

本來大家初步推測「雀躍」和「期待未來」有關，接著發現「雀躍也可以用在當下」，但是「『期待現在』聽起來怪怪的」，於是進一步思索：也許「期待」並非「雀躍」的必要本質？

同時也討論到乍看相似的「緊張」與「雀躍」之間的異同，接著發現「雀躍」含有令人放心的「隱藏前提」。

先建構辯證體系再破壞它，然後重建，正是哲學思考的精妙之處。設計目的在於打造容易靈光一閃的思考環境。

因此，與第一個問題組別（二〇九頁討論到雀躍的「時間」）有關的辯證系統，正是為了「破壞」而建立的。先針對一個問題組別進行對話，讓所有人都明白，並且取得共識。

第二個問題組別（二一三頁討論到雀躍的「定義和意思」）的辯證方式，則是從不同角度審視最初構成的辯證系統，從而找出盲點，並用其他方式重新解釋原意。

以基督教神學為首，在哲學史、神學史的領域，神「從無中創造世界萬物（creatio ex nihilo）」始終是熱門命題。在此我們不討論神學問題，但筆者認為，人類不可能無中生有。

商業領域常用「從0→1」當作創業理念，尋求「無中創新」，筆者認為，這已超過人類的能力範圍了。

人若想開創新事物，就要徹底拆解某樣東西的關聯性，用其他因素和關聯重新構築，才有可能辦到。

如前所述，「某樣東西之所以是某樣東西」，建立在其他因素與關聯的脈絡之下，一旦和不同因素及關聯產生連結，原來的意思和本質就會重置。

轉換思考的功效

有關ㄑ⃝的「定義和意思」問題。 「緊張」簡稱ㄐ⃝

1. 說來說去，ㄑ⃝到底是什麼？

4. ㄑ⃝和ㄐ⃝的差異是？

ㄑ⃝：有明確的對象。
ㄐ⃝：沒有明確的對象。
共通：具有躍動感 ★1

e.g. 不放心時會用ㄐ⃝。

ㄑ⃝的條件：放心

➡「信賴」、「放心」是ㄑ⃝的條件!? ★2

關於當下呢？
e.g. 在現場觀賞海豚表演也會ㄑ⃝。
心情飛揚 ★1
e.g. 和男友在一起也會ㄑ⃝。
在「當下」ㄑ⃝似乎可以成立！

從其他角度察覺的現象，使上一場辯證出現新觀點。

「當下」的ㄑ⃝同樣具有「信賴」、「放心」等條件！
「期待未來」是否也需要「信賴」？ ★2

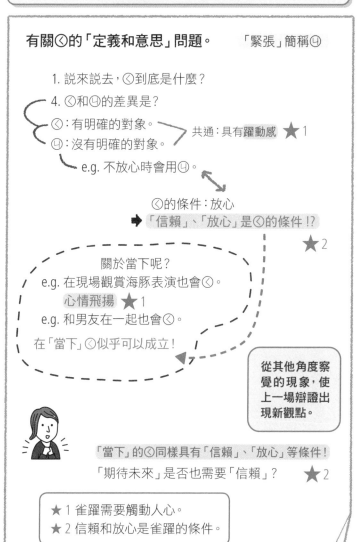

★1 雀躍需要觸動人心。
★2 信賴和放心是雀躍的條件。

這就是哲學思考引領創意革命的根據和原理。

當然，破壞不盡然會帶來新生。在個別條件中不存在的新特性，隨著組織蓬勃發展，在整體中被發現，這種現象叫做**「創發」**（emergence），除了應用在複雜的科學領域，在商業理論中也時常提及。**「創發」亦具備了「無法預期才合理」**的哲學性質。

想要追求創新，必須用偶然的方法，巧妙地將不合理的要素結合起來。「巧妙」指的是有系統的方式，如果只是胡亂把偶然的要素湊在一起，是行不通的。

先建立一套合理的辯證系統，當大家開始接受它時，突然不知從哪兒飛來「一個毫不相干的問題」，使至今為止的辯證內容「脫軌」，辯證系統也產生質變（metamorphose）。

用具體的方式來比喻，就像在即將完成的蒙娜麗莎畫像臉上，點上一顆小小的痣，整幅畫的氣氛為之一變。

腦袋打結時，
不妨轉換視點、
試試看刪除條件。

點在眼角或鼻子下方，呈現的意義和價值也會完全不同。

因此，**哲學思考容許岔題，接受不看時間場合的發言，甚至期待有人能「天外飛來一筆」**。

找出「怪人」

「既然還有時間，我們來思考剛才小太郎提出的問題吧。『動物和魚也會感到雀躍嗎？』」

「就像小太郎說的，某些種類的動物的確會有這些情感，但我想魚應該沒有吧？」

「為什麼這麼想？」

「魚看起來沒有情感啊。我還聽過各種說法，像是魚沒有痛覺等等。既然不會

『痛』，應該也不會『雀躍』吧？」

「嗯……是這樣嗎？每次看到人家殺魚，我都聽到魚在喊痛，你們難道不會嗎？」

全員 「什麼？不可能吧!?你是指精神感應嗎？」

「不，不是那樣子。舉例來說，如果在髒兮兮的河裡看到魚的嘴上刺著釣鉤，感覺很可憐不是嗎？也許魚自己沒有感覺，但光看都覺得痛。水族箱裡的魚也是，如果魚兒開心地游來游去，看的人也會雀躍起來。下水餵魚吃飼料時，如果魚兒健康地游來游去，我的心情也會跟著雀躍起來。」

「經你一說，我也是啊。和男友約會時，如果男友看起來神采奕奕，我也會加倍雀躍呢。」

「心情飛揚、觸動人心也一樣。看來雀躍的心情會互相影響、產生共鳴。觀察得真好！」

「我想讓小朋友體驗看看和魚一起游泳的雀躍感受，想藉機鼓勵他們思考海洋環境的問題。」

小太郎的「奇怪發言」，使討論內容活潑起來。

我在各種場合運用哲學思考時，時常遇到這種狀況。

每當全員才思枯竭、在討論上遇到瓶頸時，總會忽然有人天外飛來一筆，推翻至今為止的討論內容。

這種時候，其他參加者也會湧現興趣，不停對發話者丟出問題，討論再次活絡起來，簡直熱鬧到最高點。這正是辯證系統瓦解、重組的過程。

不僅如此，製造關鍵契機的**多半是那些平時開會、提案時表現不甚亮眼的人**。

新「洞見」誕生！

關於當下呢？

e.g. 在現場觀賞海豚表演也會⧀。

心情飛揚 ★4

e.g. 和男友在一起也會⧀。★3

在「當下」⧀似乎可以成立！

有關⧀的「主角」問題。

6. 動物和魚也會⧀嗎？

動物應該會，但魚應該不會？

∵ 不會痛＝沒有情感

有沒有聽過魚彷彿在「喊痛」？

e.g. 殺魚的時候。

➡ 對方也是的話會加倍⧀。★3

新的論點激發潛在意識，
創造新洞見。

★3 相互共鳴會加倍雀躍。

以下是我在相當注重菁英教育的企業舉辦講座時遇到的情形。

活動結束後，一位進公司剛邁入第二年的女職員叫住我，向我請益：

「大家說話都好有條理，只有我口才不好，請問要怎麼改善？」

但她不知道的是，由於那場講座全員說話方向過於一致、缺乏多元性，令我傷透了腦筋，幸好有她的歪題發言即時救了我。

我鼓勵她：「保持這樣就很好了。」

通常來說，公司要求開會時要言之有物，因此，博學多聞、說話條條有理的人占了優勢。

想法太具個人特色，或者總是偏離主題的「怪人」，容易被口才好的人蓋過去。如果因為說話沒重點而遭到指責、受到責罵，可能因而留下陰影，之後再也不願意發表意見。

但是，**這些在正統會議上被視作「弱者」的人，才是哲學思考的主角。他們／她們巧妙離題的說話方式，總能帶來意想不到的新視點。**

Column 04

哲學思考都應用在什麼地方？

哲學思考已成企業趨勢，應用在各個商業領域。

像「獅王」就利用哲學思考做市場調查和跨世代調查，從哲學角度深入分析消費者的意識型態和價值觀。專業哲學諮詢成為時下潮流，替企業發掘更多潛在可能。

「巴而可」百貨集團則將哲學思考應用於廣告行銷活動，團隊成員藉此擬定網頁核心目標、提升向心力，並在廣告文宣中盡情揮灑創意。由下而上的對話方式，有助於全員接納彼此、尋求共識，一同決策應該找哪種類型的模特兒、搭配哪些服裝造型等。

除了團隊向心力，本方法也適用於組織開發及員工進修。從事哲學不但能強化「提問力」、「自主思考力」、「把模糊的想法實體化的口語能力」，還能活絡員工之間的感情。許多受惠者感慨地告訴我：「原來這才是『思考』。」

此外，「瑞可利控股」、「大正製藥」、「Persol Career 人資公司」、「MORITA 電商」（專賣佛像藝術品的公司）等不同企業也紛紛引進哲學思考，共通目標都是「探索事物的本質」。他們成功提升了深度思考力，不時和筆者分享各種好消息。

也許社會把這些人視作「怪人、不正常」，但**正因為他們獨特的興趣和感性，才提醒了我們「必須反思常規和普世價值」的重要性，帶來革新的潛在可能。**

我在「前言」介紹過蘇格拉底，他最後因為得罪了許多人，被設計陷害，遭到處決。此外，歷史上還有許多哲學家是「偏離常軌」、創造革新的人。

什麼是哲學思考？在此借用英國哲學家懷海德的說法：所有「現實存在（actual entity）」，都是可以用相同根源思考的「多元論」（pluralism）哲學思想。

如果哲學思考能夠普及，**社會就不需要犧牲個體，能將個體的優點發揮至最大極限，實現多元包容的社會。**

以顏色來比喻的話，理論上「藍色或橘色」不會同時存在。在美感的世界，藍色和橘色屬於對比色，可以漂亮地交織在一起，成為提高彩度的互補色（色相環中相對的兩種顏色）。如果這時再添加一種色彩，這種顏色就能發揮極大的效用，足以改變其他顏色的本質，使整體為之一變。

討論沒有定見時……

觀點奇特和話少的人將成關鍵。

聽聽被埋沒的聲音！

哲學思考是顛覆型的思考術，如果只差臨門一腳，只需找到「一個問題」，就能改變全局。

閃閃發光的「妙語原石」

「我們今天用哲學思考替海洋館構思新的展覽企劃，主題是『雀躍』，現在來回顧一下我們有哪些新發現和新問題吧。請各位仔細思考囉。

首先，關於『雀躍』，我們分別想出了六個問題，並**根據『時間』**、**『定義和意思』**、**『主角』**、**『○○（你提出的問題）』**整理成四大類。

最先探討的問題是『時間』，有人提出雀躍不會用在過去，而是用在未來的想法，但經過討論後發現，現在也適用。

但因為『期待現在』怪怪的，我們接著討論：期待是否為雀躍的必要本質？

下一個問題是『定義和意思』，思考的題目是**『說來說去，雀躍到底是什**

麼？』、**『雀躍和緊張的差異是？』**

我們聊到，若是感覺不放心，自然就雀躍不起來，接著進一步討論：也許比起『期待』，雀躍更符合『信賴』的概念。

不過還需要**『心情飛揚』**和**『躍動感』**等觸動人心的條件才行。

最後聊到『動物和魚也會感到雀躍嗎？』，有人提到，如果雙方都有共鳴，雀躍感也會增強，儘管我們無法實際知道魚有沒有雀躍的心情，但是看見魚群精神抖擻地游來游去，和牠們共泳，心情也會加倍雀躍，對吧。

好，各位在回想的時候，有沒有什麼新發現和新問題呢？」

「小太郎在最後提到了環境問題，我才想到，既然人類對海洋生物和魚擁有共鳴，是否應該把環保議題當作自己的問題，好好思考呢？我想正因為我和男友能共有價值觀，所以才能感同身受吧。」

※ 若寫不下，分成好幾張紙也 OK！

有關(ㄑ)的「定義和意思」問題。

1. 說來說去，(ㄑ)到底是什麼？

4. (ㄑ)和(ㄐ)的差異是？

(ㄑ)：有明確的對象。

(ㄐ)：沒有明確的對象。

共通：具有躍動感。★1

e.g. 不放心時會用(ㄐ)。

(ㄑ)的條件：放心 ➡「信賴」、「放心」是(ㄑ)的條件!? 2

「當下」的(ㄑ)同樣具有「信賴」、「放心」等條件！ 2

「期待未來」是否也需要「信賴」？

有關(ㄑ)的「主角」問題。

6. 動物和魚也會(ㄑ)嗎？

動物應該會，但魚應該不會？

∵ 不會痛＝沒有情感

有沒有聽過魚彷彿在「喊痛」？

e.g. 殺魚的時候。

對方也是的話會加倍(ㄑ)。 3

回顧之前的辯證內容

有關⧀的「時間」問題。

2. 人會在什麼時候⧀呢？

3. 來海洋生物館前？後？

期待明天到來，
或是未來
會發生好事的時候？

⧀不會用來形容過去，
也不會用在絕望的時候。

對未來抱持期待

⧀不會用在過去，
而是用在未來。

那現在呢？

e.g 現場觀賞海豚表演也會⧀。

心情飛揚 ★1

e.g 光是和男友在一起就會⧀。

「現在」也會⧀！

可是，我們不會說「期待現在」。

看來「期待」並非⧀的必要條件!? ★

「海洋館和動物園的確都有體驗園區，但通常只是觀察而已。如果『雀躍』需要共鳴，我想也許可以讓人和動物啦、魚啦一起同樂？」

「我也是剛剛說完之後，才發現自己對海洋環境問題很感興趣！如果能鼓勵孩子們一起思考環保議題，我想應該不錯？」

「〇〇（你），聽過大家的意見後，你有什麼看法？任何新發現或新問題都可以喔。」

「　　　　　　　　」

在短暫的對話時間內，討論馬上有了許多新進展。步驟和先前一樣，鼓勵大家動腦思考，並回顧之前的討論內容。回顧時一面丟出討論過的論點和洞見，以及在許多問題都出現過的「心情飛揚」、「躍動感」等關鍵字。

如果議題曾在討論的最後翻盤，我們便能從完全不同的角度回頭審視前面討論過的議題。

這時請留意場地的租借時間，因為要是討論太過熱烈，可會久久無法散場。

在最後，真田前輩也問了你身為讀者的看法。

使用哲學思考，記得讓所有人至少有一次發言機會。

有些人可能沒有參與發言，但一直靜靜聽著大家討論，得出了獨創的想法也說不定。

越是沉默的人，越可能是靈感迸發的潛力股，請用心傾聽他們的聲音。

由於時間有限，要讓所有人都講到話可能有困難，這時不妨請大家填寫問卷，把想法和意見寫在上面。

如果這是企業實施的調查活動，也可用錄音方式記錄討論內容，把新發現和論點彙整成報告，也許會因而發現當下沒注意到的事情。

舞台回到海洋館，來看看大洋洲區的新主題企劃展覽進行得怎麼樣了，大家有沒有想出什麼好點子呢？

「新展覽企劃總算完成了，小朋友一定會玩得很高興！」

「沒錯，我們在海洋生物和魚的水族箱前擺了新泳池，小朋友可以穿泳裝下水游泳。因為『雀躍』必須排除風險，所以中間用兩層和水族箱相同強度的壓克力板隔開。」

「我們當然不能真的讓小朋友和魚啦、豆腐鯊啦一起游泳，那樣太危險了，不過可以用這種方式，帶給他們悠遊海底的感受。」

「沒錯，和海洋生物同樂，『自己也化身為海洋生物』是最快的方法，這是哲學思考帶來的企劃靈感。」

「嗯？小太郎在裡面隔著壓克力板看著外面……他在做什麼？」

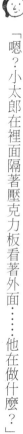

「啊……他想和動物跟魚一起觀察人類吧。因為穿的很像企鵝，小朋友幫他取了外號『企鵝人』，很受歡迎呢。」

「好吧……要是哪天有動物肯餵他吃飼料，我們就來辦『企鵝人秀』！」

第三章 重點整理

- 討論時不用便利貼和白板輔助。
- 重視參加者各自的想法和多樣性。
- 專注聆聽！創造**內省及深層思考**的思維模式。
- 即使認為對方離題，也要尊重**「自由思辨」**。
- 巧妙加入不合理要素，打破至今建立的辯證系統。
- 歡迎**岔題王**開口，鼓勵**沉默者**發表意見。
- 講座結束後記得做會議紀錄及分析報告。

終章

挑戰
「終極大哉問」

不斷延伸思考後所抵達的「新世界」

無法忽視的「日常疑惑」

本書旨在介紹日常生活和職場上能靈活運用的哲學思考術。

前三章雖然都是以職場為例來進行說明，但是，這些方法全都可以套用在日常中的小煩惱或人生大哉問上。

設定主題、蒐集問題、分組整理。接著針對問題組別思考、提出更多問題、組織辯證系統。最後分析辯證系統，發掘新洞見和新觀點。

照著上述流程跑一遍，從職場到包羅萬象的日常疑問，都能透過思考找出對策。

了解步驟只是紙上談兵，唯有親身實踐，哲學思考才能發揮作用。

本書「終章」帶領讀者回到「出發點」，從解決自身煩惱和人生課題來親身實踐。

無論是工作難題，還是苦於人際關係、戀愛煩惱、家人相處，或是關於自己的人生課題、對社會和世界抱持的疑惑……任何苦惱和問題，解決的第一步都是設定主題。

「轉行」、「朋友」、「結婚」，主題只需一個關鍵字就行了；問題不用想得太複雜，例如「如何減肥成功？」就是很簡單的範例。

本章我借用「前言」說過的「人生意義」來做主題，請各位也決定一個主題，把它寫在紙上。

讀完本書的你，已經學會萬用的「哲學式深度思考術」，足以挑戰前言的棘手問題了。

將你下意識想到有關「人生意義」的問題寫在紙上吧！例如：

一、「我究竟為了什麼而活？」

二、「人生的意義每個人都不一樣嗎？有沒有什麼客觀指標？」

三、「人活在世上，有所謂的目的和使命嗎？」

四、「賦予目的和使命的神明當真存在嗎？」

五、「既然早晚都會死，人生還有意義嗎？」

好，各位寫下各自的主題和相關問題了嗎？

第一次嘗試可能沒有靈感，但等熟悉以後，就能不停丟出問題了。

把問題大致分類

接著要整理問題。

一、二、三分別從主觀、客觀角度探尋人生意義，因此可分類為「人生意義」的「主觀／客觀問題」。

四和五則是質問「人生意義」有何根據，或者是否真的存在，所以分類為「人生意義」的「根據問題」。

思考人生意義

主題 人生意義

Ⓐ
1. 我究竟為了什麼而活？
2. 人生的意義每個人都不一樣嗎？
   有沒有什麼客觀指標？
3. 人活在世上，有所謂的目的和使命嗎？

Ⓑ
4. 賦予目的和使命的神明當真存在嗎？
5. 既然早晚都會死，人生還有意義嗎？

❶ 人生意義的主觀／客觀問題。

❷ 人生意義的根據問題。

如同我在第一章所寫，分組的方式並非只有一種。

請用自己的觀點決定「這兩個很像」、「這幾個都屬於○○問題」就好。

這個步驟也有反思的用意，提醒我們思考：「這個問題是在問什麼？」也許這個問題對你來說，隱含了某些重要意義也說不定。

下一步，我們要決定思考順序。

說來說去，人生到底有沒有意義？這個模糊不清的問題令人焦慮，我們來優先思考四和五吧。

欲速則不達。即使看起來像繞遠路也無妨，請從令人在意的組別開始。各位也一同思考吧。

從這裡開始，我們終於進一步思索、丟出更多問題，強化了思考的深度。

四、「賦予目的和使命的神明當真存在嗎？」

五、「既然早晚都會死，人生還有意義嗎？」

面對第一輪問題，就用最直覺的想法和問題回應吧。

「我雖然不信特定宗教，但感覺世界上的確有『某種力量』超越了自己。」

「死亡是什麼意思？既然肉體消滅了，連同記憶等等全會消失吧，這表示無論做什麼，都會成為『無』？」

「可是，正因為不知道什麼時候會死，所以才要趁現在好好想想要怎麼活吧？」

「既然都會死，我們在生前的所作所為，還有和重要之人的回憶等等，不就沒有意義了？」

在紙上寫下自己的任何想法，把相關項目用線條連起來，意見相反的畫上雙向箭頭，如果有好幾種可能，再按照情境場合進行分類。

接下來要繼續思考其他組別的問題。

一、「我究竟為了什麼而活？」

二、「人生的意義每個人都不一樣嗎？有沒有什麼客觀指標？」

三、「人活在世上，有所謂的目的和使命嗎？」

做法和剛才一樣，寫下自己的想法和疑問，建立辯證系統。

「人生意義不是由別人決定，而是由我自己決定。」

「就算出生時不知道自己是誰，也可以在人生中慢慢形塑自己，對吧？」

「可是，如果每個人都隨心所欲地過自己的人生，世界上不會充滿自我中心的傢伙嗎？我認為像海倫・凱勒那種具有客觀社會評價的人生也不壞。」

「這兩個想法真的對立嗎？如果自己的所作所為也能替別人和社會帶來助益，主觀的人生意義和客觀的人生意義還有分別嗎？」

訣竅是**從各種角度反思：你怎麼能一口咬定？當真如此？從其他方面想呢？**

有什麼具體例子？

懷疑理所當然的前提，跳脫慣常的思維模式，就能找出至今不曾留意的新觀點！

打破框架，突破新次元

最後要對目前的辯證內容進行回顧，分析頻繁出現的想法和論點，重新審思其中有什麼新發現和新疑問。

以本章為例，「所作所為」這個詞出現了兩次。所以也可以這樣想：「就算出生時不知道自己是誰；或說人終有一死，但我們的每一個所作所為，都決定了人生的意義價值，對吧？」

除此之外，還有「和重要之人的回憶」、「社會評價」、「替別人和社會帶來助益」等觀點。

以此類推，詞彙略有不同但意思一樣的也包含在內。

最後還得出了另一種可能：「主觀的人生意義和客觀的人生意義有分別嗎？」在此不用拘泥於「回答」，哪怕只是「問」，也是新發現。

我們可以把上述觀點總結為：「自己的決定和行為，會替別人和社會帶來影響；同時，我們也不斷受到別人和社會的影響。由此可見，人生的意義是由自己的決定和行為，以及與他人及社會的交互影響形成的。」

當然，也可以從完全不同的角度來思考。

無論如何，當我們面對「人生意義」這個生命大哉問，已不如過去那樣徬徨，不但向前躍進了一步，對此還有了更加透徹的想法。

繼續丟出想法和疑問，仔細反思辯證內容，就能思考得更加深入。

舉例來說：

「既然自己和別人都受到社會相互影響，有時我們也會因為某些執念，放下主觀和客觀成見吧？」

「既然主觀與客觀沒有分別，那還有必要區分生與死的差異嗎？」

「人生意義不該拘泥於『有或沒有』，而是更高境界『這樣就很好』才對吧？難怪年過百歲的老奶奶總是平靜祥和。」

這只是我在書中舉的例子，但只要繼續深入思考，就能超越當初糾結的「人生意義」，置身於更高的視野。

如此一來就成功了。

打破最初設定的主題框架、抵達新次元，就是「創造性思考」。

「哲學思考」就是這麼一回事。

哲學本來就是用來解決問題的。

抵達更高的思考境界，不但可以解決過去不知該如何面對的棘手問題，還能擁有廣闊的視野，發現問題也許比想像中更渺小，因此無所畏懼。

總結來說，「從事哲學」到底是什麼？

「哲學史」是前述「創造性思考」跨越兩千五百年的歷史軌跡。

學習哲學史不但能了解脈絡，還能學會最重要的思考法則，懂得時時刻刻反思：「為什麼是這樣？」、「換個角度想呢？」、「這套理論有沒有瑕疵？」

本章談論的「人生意義」也是眾多哲學家自古追求的命題。

例如存在主義的先驅齊克果（Søren Aabye Kierkegaard）強調「我存在於此時此地」的哲學思想，主張與其在龐大的哲學體系中尋求真理，不如探問「我究竟為何而生？」，並認為「找到我願意為之而生、為之赴死的理念比較重要」。

齊克果身為基督教徒，既不耽溺享樂，也不遵從倫理使人生過得更加美好，「在上帝面前，人是孤獨的」是他畢生追求的信仰。

另一方面，尼采（Friedrich Nietzsche）有句名言叫「上帝已死」，直接否定了使人墮落的基督教上帝，反過來接受了普遍意義和價值並不存在，並且提倡不斷超越自我、創造價值的「積極的虛無主義」。

另外，以「存在先於本質」知名的法國哲學家沙特（Jean-Paul Sartre）則認為，打從一開始，桌子、椅子等物品就是先知道用途才被創造出來；相較之下「人並非出生就注定是什麼人、為了什麼目的而活」。

「我存在於此時此地」則更接近先確立人的本質，並透過每一次的自由選擇來創造自我形體，在這樣的過程當中逐漸形塑出「我是誰」。

存在主義思想鼓舞了對人生意義感到徬徨的人，受到現代人歡迎。對找不到自我存在價值的人來說，這些話如同救贖之語。

但是，不進行反思就把尼采和沙特的箴言奉為人生信條，這樣不叫哲學。

真正的哲學式思考帶有批判性和創造性，所以應該要反過來質疑：「尼采這樣說，但真的是這樣嗎？難道沒有其他可能？」

「我認為是這樣！」、「人生的意義應該要這樣！」上述主張可以稱作「思想」或「主義」，卻不叫哲學。

二十世紀德國哲學家海德格（Martin Heidegger），也常常被算進存在主義的系譜，但他的本意並非發揚闡釋人生意義的自我啟發型存在「主義」。海德格的哲學的確包含：人應該提前對生死無常抱持覺悟，藉此喚醒內在真實的自我。

但是，海德格絕不是在說教人生意義，他只是單純透過哲學思索，想解開對「存在本身」的疑問。

當然，學習過去歷史哲學家的思想和學說，有助於拓展眼界，讓我們發現：「原來還能這麼想！」

例如有人可能會想：「齊克果說『在上帝面前，人是孤獨的』，尼采則否定了上帝。我本身雖然沒有特定宗教信仰，卻認為世上的確有某種存在超越了自己。」

如果你這樣想，不妨參考提出「超越性價值」的美國哲學家威廉・詹姆士（William James）的思想，以及指出宗教過於世俗化的現代靈性思想，藉此豐富自己的思維，也許能從中獲得靈感。

有些人可能會想：「『為了什麼目的』與探討自己的生與死，兩者應該分開討論。」在此推薦日本哲學家西田幾多郎與鈴木大拙的哲學思想。

他們的論點超越了生死、主客的對立，處處可見「現在於此」的經驗。

但如我先前提過的，**讀完前人哲學家的思想和學說後，如果只想一心效法，並不叫哲學。**

對哲學家提出的學說進行批判性思考，分析比較之後深入探討；如果可以，提出至今無人指出的新問題，延伸屬於你的個人思維，唯有從這一刻起，你才真正展開自己的哲學。

「從事哲學」的動作非常重要，有了思考的動作才是哲學。

換句話說，**哲學也是一種藉由「反自我啟發」來成立的自我啟發。**

4. 賦予目的和使命的神明當真存在嗎？
5. 既然早晚都會死，人生還有意義嗎？

尼采（1844-1900）

基督教的上帝使人墮落。

接受沒有普遍意義和價值這回事，並且超越自我。

海德格（1889-1976）

對自己終有一死抱持覺悟，以此喚醒本來的自己。

但「存在本身」的問題才是最根本的問題。

詹姆士（1842-1910）

就算是沒有特定宗教信仰的人，
應該也能感受到某種超越自己的「超越性價值」。

為何這樣想？

超越歷史上的哲學家

主題 人生意義

1. 我究竟為了什麼而活？
2. 人生的意義每個人都不一樣嗎？
   有沒有什麼客觀指標？
3. 人活在世上，有所謂的目的和使命嗎？

齊克果(1813-1855)

「我究竟為何而生？」比較重要。
人生意義即信奉上帝而活。

沙特(1905-1980)

桌子和椅子等物品打從一開始就決定了目的。
人類則是「存在先於本質」，可以自由決定。

西田幾多郎(1870-1945)

鈴木大拙(1870-1966)

利己目的與生死的差異，不應被相對的自由所侷限。
「現在於此」的純粹經驗才是真實存在。

你會如何思考？

驅動思考力，迎向未來

本書也可當作「哲學入門書」來讀。

「哲學思考」是我把自己面對哲學命題時，行之有年的思考方式簡化而成的思考法。

我在撰寫哲學論文時、參加哲學研討會時，以及對未來感到徬徨無助時，都會按照本書介紹的步驟做。

我們已經來到人人使用哲學的時代，哲學早已不是大學裡的學者才會研究的窄門學問，目前也廣泛應用在商業界。

不，不如這樣說吧——**運用哲學的地點根本不重要。**

「從事哲學」不是大學學者的專利。當你在商場上思考：「什麼叫做好的商品和好的服務？」、「我的工作同仁和客戶心中認為的幸福是什麼？」你早已開啟哲學這扇門。

事實上，的確有許多企業委託我們研討這些問題。我們也在講座實際討論「價值」、「人類的本性」、「研究開發的使命」、「如何決策」等哲學命題。

如果有哲學家認為「哲學和商業八竿子打不著關係」、「企業家是一群眼裡只有錢、錢、錢……一心想著如何賺到最多錢的商人」，這些人才是真的關在象牙塔裡，不食人間煙火且故步自封。

我認識許多不盲目追求眼前利益，更重視意義和價值、自由思辨的企業界人士。因為他們深知，不先了解「什麼叫好」，企劃就不可能成功。決策時要一併思考其他替代方案、廣納多種可能，才能創造革新。

回顧哲學的歷史就會發現，哲學往往與科學、藝術、政治、經濟等其他領域有著密不可分的關係。

也有許多哲學家身兼科學家、政治家等多重身分。

因此，我認為應該進一步了解哲學如何實際應用在其他領域，彼此達成互助合作的關係。

此外，身處瞬息萬變的現代社會，企業家和員工越來越難預估五年後、十年後的趨勢潮流，所以需要「從事哲學」，思索企業的存在意義和自己的生存指標。

後記

哲學可以拯救世界嗎？

現在，全世界的企業正急速引進「哲學顧問」。

美國的「谷歌」和「蘋果」甚至聘請了企業內哲學家（In-House Philosopher）。

歐洲各國也紛紛成立運用哲學專門知識及方法論的顧問公司及團體。

「哲學顧問」在打造企業願景，並在符合企業規範的條件下消弭組織內的鴻溝、逐一解決企劃的課題之前，需要進行許多前置準備，不可能一開始就知道「答案」，更不會像強調自我啟發的勵志書那樣，列出歷史上的哲學家格言作為精神標語。

我們反向操作，**積極對客戶丟出「問題」，運用哲學的專門知識做引導，和眾人一同深入核心，並且設法解決問題。**

還有，哲學要解決的不是只有單純提升業績。

還要協助企業檢查自己的事業是否對世界造成危害。

哲學有一個重要任務：當所有人一窩蜂地說：「〇〇很棒！一定要做！」時，哲學有責任提出警示：「實行之後，會不會引發嚴重後果？」

反過來說，哲學的作用正是讓世界變得更加美好。

因此，重視全人教育精神和自由思辨的哲學式思考，才會如此重要。

無論是對個人還是對企業，目光狹隘都很危險。從越多角度看待事理，越能防範悲劇發生，有更多機會找出活路。

從這層意義上來看，我相信「哲學可以拯救世界」：**「哲學思考」則是用有效的方法，使哲學提供社會實用價值**。

本書想傳達的主旨也有：一定要記得質疑看似理所當然的前提，轉換角度思考，藉此創造更美好的意義和價值。

即使所有人一致認定「就是這樣」，也要懂得獨立思考：「等等，這麼做是正確的嗎？如果反過來想呢？」如此一來，或許能發現至今疏忽的問題癥結，得到更好的洞見及觀點。

日常煩惱也是如此。首先必須懷疑煩惱的前提，嘗試以不同於平時的方法仔細思考，也許問題就能迎刃而解，助你邁向更積極美好的人生。

雖然是老王賣瓜，但本書介紹的「哲學思考」已有實績見證，更棒的是，它是任誰都能學會的簡易思考術。

那些修完「哲學THINKER®（哲學思考人）培訓、檢定課程」的人也許不是哲學專家，但成功學會了「哲學思考」的方法，可實際運用在企劃中並獲得成果。

只是，「成果」的價值不是只有追求「好表現」，太拘泥於此，只會感到空虛而已。現在，企業人士積極尋求的是**「掌握意義和本質」**。

「我想提供世人真的需要的『好商品和好服務』！」

「我希望『職場變得更自由』，讓新同事能盡情發揮所長！」

「我想改變社會風氣，讓女性與缺乏發言權的弱勢族群有伸展的舞台！」

這些全是我親耳聽工作場合認識的人說的。

「哲學思考」正是汲取了這些想法，使用由下而上的方式，幫助心裡的聲音快速成形的加速裝置。驅動裝置所需的是：用人們的「智慧（sophia）」「去愛（philein）」，這就是philosophia（哲學）。

當前的世界充滿了「沒有答案的問題」。

人類該如何使用人工智慧、生物科技等尖端科技？

還有，我們應該如何面對嚴重影響下個世代與人類以外的動植物的環境污染問題？

從切身的醫療照護問題，到宇宙開發等遠大問題，全屬於「不知道問題本質就無法著手」的困難問題，這類問題只會增加，不會減少。

我們的目標是**盡快發現未知的「創造性問題」，制定合適的課題，討論解決方案。**

要是在誤判本質的情況下制定課題，只會得到失望的答案。

「這些問題聽起來真複雜，交給專家處理不就行了？」

很遺憾，我們在這個時代面臨的許多問題，連專家都不明白真相。

那麼，到底該怎麼做呢？

聯合市民、專家、企業的力量，一同打造更好的世界藍圖——這就是「哲學思考」。

我在第三章提過，**哪怕是「一個看似無關緊要的問題」，也具有顛覆全局的潛在能力**。

人們除了各自探索自己想要的人生、自己希望的世界，也要懂得聆聽他人的聲音和想法，由下而上建立目標願景。

相信有些人是在萬分苦惱下挑中本書，有些人則是在無意間拿起，無論如何，「哲學思考」都能提供解決方案，而它同時也是**隨時能從今天開始的生活提案**。

期許哲學思考能落實在各位的職場和日常生活，使世界和人們的未來變得更加美好。

吉田幸司

謝辭

本書因為有許多美好的緣分及各界人士的鼎力相助才能順利出版，我想借此版面表達謝意。

我要特別感謝三位朋友，伊原木正裕先生、平塚博章先生、三上龍之先生，他們從哲學思考術的開發、改良，到本書撰寫上的建議，都給予我莫大幫助。哲學思考能成為這麼棒的商業工具，全多虧了三位的幫忙。

還有吉辰櫻男先生、堀越耀介先生、間宮真介先生，謝謝你們陪著我辛苦創立了前所未聞的「哲學公司」。公司能成長到現在的規模，全是有他們幫忙。

我還要感謝MAGAZINE HOUSE出版社的能井聰子小姐，在我執筆的過程中提供諸多「妙案」。哲學「思考術」能克服編書的難關，全多虧了能井小姐的工夫。

最後要感謝我的太太，她是我不斷探問「為何而活？」的人生當中，為我帶來最大幸福與生存意義的人，在此將我第一本個人著作獻給我的太太。

ideaman 133

活用於職場上的哲學思考

原著書名——「課題発見」の究極ツール 哲学シンキング
原出版社——株式会社マガジンハウス
作者——吉田幸司
譯者——韓宛庭
企劃選書——劉枚瑛
責任編輯——劉枚瑛

版權——黃淑敏、吳亭儀、江欣瑜
行銷業務——黃崇華、周佑潔、林秀津
總編輯——何宜珍
總經理——彭之琬
事業群總經理——黃淑貞
發行人——何飛鵬
法律顧問——元禾法律事務所 王子文律師

出版——商周出版
台北市104中山區民生東路二段141號9樓
電話：(02) 2500-7008 傳真：(02) 2500-7759
E-mail：bwp.service@cite.com.tw
Blog：http://bwp25007008.pixnet.net./blog
發行——英屬蓋曼群島商家庭傳媒股份有限公司城邦分公司
台北市104中山區民生東路二段141號2樓
書虫客服專線：(02)2500-7718、(02) 2500-7719
服務時間：週一至週五上午09:30-12:00；下午13:30-17:00
24小時傳真專線：(02) 2500-1990；(02) 2500-1991
劃撥帳號：19863813 戶名：書虫股份有限公司
讀者服務信箱：service@readingclub.com.tw
城邦讀書花園：www.cite.com.tw
香港發行所——城邦(香港)出版集團有限公司
香港灣仔駱克道193號超商業中心1樓
電話：(852) 25086231傳真：(852) 25789337
E-mailL：hkcite@biznetvigator.com
馬新發行所——城邦(馬新)出版集團【Cité (M) Sdn. Bhd】
41, Jalan Radin Anum, Bandar Baru Sri Petaling,
57000 Kuala Lumpur, Malaysia.
電話：(603)90578822 傳真：(603)90576622
E-mail：cite@cite.com.my

美術設計——copy
印刷——卡樂彩色製版印刷有限公司
經銷商——聯合發行股份有限公司 電話：(02)2917-8022 傳真：(02)2911-0053

2021年（民110）11月2日初版
定價390元 Printed in Taiwan 城邦讀書花園 www.cite.com.tw
ISBN 978-626-318-018-5

KADAI HAKKEN NO KYUKYOKU TOOL TETSUGAKU THINKING

線上版讀者回函卡

國家圖書館出版品預行編目(CIP)資料

活用於職場上的哲學思考/吉田幸司著；韓宛庭譯. -- 初版.
-- 臺北市：商周出版：英屬蓋曼群島商家庭傳媒股份有限公司城邦分公司發行, 2021.11
264面；14.8×21公分. -- (ideaman；133)
譯自：「課題発見」の究極ツール 哲学シンキング ISBN 978-626-318-018-5 (平裝)
1. 企業管理 2. 創造性思考 494.1 110016076

廣告回函
北區郵政管理登記證
台北廣字第000791號
郵資已付，免貼郵票

104台北市民生東路二段 141 號 B1

英屬蓋曼群島商家庭傳媒股份有限公司
城邦分公司

請沿虛線對摺，謝謝！

書號: BI7133	書名: 活用於職場上的哲學思考	編碼:

請於此處用膠水黏貼

讀者回函卡

線上版讀者回函卡

感謝您購買我們出版的書籍！請費心填寫此回函卡，我們將不定期寄上城邦集團最新的出版訊息。

姓名：＿＿＿＿＿＿＿＿ 性別：☐男 ☐女

生日：西元＿＿＿＿年＿＿＿＿月＿＿＿＿日

地址：＿＿＿＿＿＿＿＿

聯絡電話：＿＿＿＿＿＿＿＿ 傳真：＿＿＿＿＿＿＿＿

E-mail ：

學歷：☐ 1. 小學 ☐ 2. 國中 ☐ 3. 高中 ☐ 4. 大學 ☐ 5. 研究所以上

職業：☐ 1. 學生 ☐ 2. 軍公教 ☐ 3. 服務 ☐ 4. 金融 ☐ 5. 製造 ☐ 6. 資訊
☐ 7. 傳播 ☐ 8. 自由業 ☐ 9. 農漁牧 ☐ 10. 家管 ☐ 11. 退休
☐ 12. 其他＿＿＿＿＿＿＿＿

您從何種方式得知本書消息？

☐ 1. 書店 ☐ 2. 網路 ☐ 3. 報紙 ☐ 4. 雜誌 ☐ 5. 廣播 ☐ 6. 電視
☐ 7. 親友推薦 ☐ 8. 其他＿＿＿＿＿＿＿＿

您通常以何種方式購書？

☐ 1. 書店 ☐ 2. 網路 ☐ 3. 傳真訂購 ☐ 4. 郵局劃撥 ☐ 5. 其他＿＿＿＿

您喜歡閱讀那些類別的書籍？

☐ 1. 財經商業 ☐ 2. 自然科學 ☐ 3. 歷史 ☐ 4. 法律 ☐ 5. 文學
☐ 6. 休閒旅遊 ☐ 7. 小說 ☐ 8. 人物傳記 ☐ 9. 生活、勵志 ☐ 10. 其他

對我們的建議：＿＿＿＿＿＿＿＿

請於此處用膠水黏貼